大地之子

——揭示岩石的奥秘

U0334578

何桂蓉 主编

成都地图出版社
CHENGDU DITU CHUBANSHE

图书在版编目（CIP）数据

大地之子 : 揭示岩石的奥秘 / 何桂蓉主编 .
成都 : 成都地图出版社有限公司 , 2024. 8. -- ISBN
978-7-5557-2620-3

Ⅰ. P583-49

中国国家版本馆 CIP 数据核字第 2024L4U193 号

大地之子——揭示岩石的奥秘

DADI ZHI ZI——JIESHI YANSHI DE AOMI

主　　编：何桂蓉
责任编辑：高　利
封面设计：王建鑫磊

出版发行：成都地图出版社有限公司
地　　址：四川省成都市龙泉驿区建设路 2 号
邮政编码：610100

印　　刷：三河市人民印务有限公司
（如发现印装质量问题，影响阅读，请与印刷厂商联系调换）

开　　本：710mm × 1000mm　1/16
印　　张：10　　　　　　　字　　数：140 千字
版　　次：2024 年 8 月第 1 版
印　　次：2024 年 8 月第 1 次印刷
书　　号：ISBN 978-7-5557-2620-3

定　　价：49.80 元

岩石是什么？岩石是怎样形成的？它们又是怎样影响着我们的生活的呢？

岩石是天然产出的具有稳定外形的矿物或玻璃集合体，是一种或几种造岩矿物按照一定的方式结合而成的，部分岩石由火山玻璃或生物遗骸构成，是构成地壳和地幔的物质基础。在自然界中，存在着各种各样的岩石。岩石按成因分为火成岩、沉积岩和变质岩。其中，火成岩是由高温熔融的岩浆在地表或地下冷凝所形成的岩石，也称岩浆岩；沉积岩是在地表或接近地表条件下，由风化作用、生物作用或某种火山作用的产物经水、空气和冰川等外力的搬运、沉积或石化作用而形成的岩石；变质岩是由原先存在的岩浆岩或沉积岩，由于其所处地质环境、气候环境的改变，使其矿物成分、结构构造改变而形成的岩石。

地壳深处和上地幔的上部主要由火成岩和变质岩组成。从地表向下16千米范围内火成岩和变质岩的体积大约占95%。地壳表面以沉积岩为主，它们约占大陆面积的75%，海洋底部几乎全部为沉积物所覆盖。岩石学主要研究岩石的成因、结构构造、分类命名、分布规律、成矿关系以及岩石的演化过程等。它属地质科学中的重要的基础学科。

　　作为一本科普读物，本书以图文并茂的形式，生动活泼地向大家介绍了岩石的基本情况、分类特点、典型形式和一些有关岩石的风景名胜、有趣典故和历史传说。

　　岩石学已成为一门独立的学科，人们对岩石的发现和研究仍然在不断进行当中。由于本书编者的知识有限，对岩石的了解还不够深入，因此，书中难免有不妥之处，敬请广大读者指正。

第七章　石趣横生

第一章　漫话岩石

绚丽多彩的岩石

地球的表面崎岖不平，高山、大海、河流、湖泊纵横交错，形成了一片片锦绣河山。高山上分布着奇岩怪石，河岸边耸立着陡壁悬崖，海底的淤泥底下沉积着坚硬的岩石。岩石组成了整个地壳。

岩石组成的地壳，可分为大陆型地壳和大洋型地壳两种。大陆型地壳平均厚度约 37～40 千米（我国青藏高原可达 50～70 千米），具有两层结构，上层为花岗岩质层，下层为玄武岩质层。大洋型地壳平均厚度一般小于 10 千米，从上到下分为未固

结的沉积层、固结的沉积层与火山岩层的混合层和玄武岩或辉长岩（大洋层）三层。地壳上各种岩石的分布是很有规律的，比如，大多数玄武岩分布在海洋底部，组成洋壳；花岗岩和沉积岩分布在陆地上，构成陆壳；而安山岩则往往出现在褶皱带附近，构成岛弧；超基性岩出现在深断裂带，呈带状分布。

世界上有生命的东西（如动物、植物）的年龄有大小之分。有趣的是，岩石的年龄也有大小之分。科学工作者在格陵兰岛发现了年龄为 40 亿年左右的岩石。目前多数人认为，地球的年龄约为 46 亿年。中国目前在辽宁鞍山东区白家坟一带发现的我国最

老的岩石，其年龄约为38.5亿年。此外，泰山的岩石也比较古老，大约有27亿年。那么，是否有年龄较小的岩石呢？有。在沉积岩中要算海滩岩的年龄小，岩石中有第二次世界大战时的钢盔和罐头瓶。在火成岩中则要算最近的火山爆发所形成的熔岩了。

1963年11月，大西洋的洋面上风平浪静，一艘渔船正在冰岛南部的海面上作业，他们在海岸西南20千米处，突然看到从海里冲出一缕黑烟。一星期后，烟雾越来越浓，海底传来隆隆声。当时，腾空而起的火山灰柱高达174米，空中浓云密布，雷声大作。从火山口喷出的火山喷发物呼啸着落到海里，激起浪花，海面上弥漫着大量的水蒸气。火山喷发延续了约77天，1964年1月31日，海面上露出一座新生的火山岛，这就是著名的苏特西岛。苏特西岛高出海面155米，岛的形状像一个梨，在2.7平方千米的土地上，布满了条纹状和绳状的熔岩。组成这个岛屿的熔岩年龄可以说是比较小的了。

各个不同时代的岩石，组成了闻名于世的山水名胜。传说，"三山五岳"是我国古代神仙居住的地方。"三山"既指古代传说中东海的蓬莱、方丈、瀛洲三山，即"三神山"，又指今人所喜欢的三座旅游名山——黄山、庐山和雁荡山。"五岳"则是我国五大名山的总称，即东岳

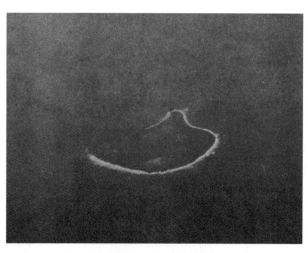

从海底冒出来的苏特西岛

泰山、西岳华山、北岳恒山、中岳嵩山和南岳衡山。唐玄宗和宋真宗曾先后封"五岳"为王、为帝。明太祖尊"五岳"为神。其实，五岳都是由岩石组成的山峰，只是山势挺拔、气势雄伟罢了。"五岳"之首为东岳泰山，屹立在华北平原东部，主要是由变质岩——片麻岩构成的断块山；"五岳独秀"的南岳衡山，耸立于湖南衡阳盆地北部的湘江之滨，是舜、禹等南巡到达的地方，山上72峰主要由花岗岩组成；以险峻闻名的西岳华山，位于陕西省华阴市，主要由花岗岩组成；北岳恒山，位于山西省大同市浑源县，主要由石灰岩组成；位居中原的嵩山，古称中岳，位于河南省登封市西北，主要由18亿～23亿年前形成的花岗绿岩和石英岩组成。此外，佛教圣地峨眉山的山顶是由二叠纪时期的玄武岩组成的。所以，天下名山，无不与各种岩石的性质有关，如组成山体的岩石比周围岩石坚硬，就会造成山体突兀于群山之上的地貌；组成山体的岩石节理发育，山上就会形成众多的奇峰异石；组成山体的岩石是易溶蚀的石灰岩，就会形成秀丽的石林和溶洞。

地面上所见到的岩石虽然千姿百态、五彩缤纷，但从岩石成因上来看，它们可归纳为三大类，即火成岩、沉积岩和变质岩。

火成岩

火成岩一词，来源于拉丁语，是"火焰"之意。火成岩也叫岩浆岩，由天然熔岩或岩浆冷却结晶和凝固而成。如玄武岩、花岗岩等都是火成岩。火山爆发时，实际上喷出地表的岩浆并没有火焰，火山也不是燃烧着的山。但是火山中确实蕴藏着巨大的热量，在火山喷发物中真正可以燃烧的成分，只有少量的氢气，而氢气燃烧所产生的火焰，又很难被人们看到。那么，"火"是怎么回事呢？原来，那是火山中炽热的熔岩流在其上部蒸气中，反射出红色灿烂的光辉，看上去像是着了火一样。火山中喷出的滚滚浓烟也不是普通的浓烟，而是浓厚的气体和水蒸气，它们之所以有时呈黑色，好似滚滚浓烟，是因为在喷发物中混有大量火山灰。

沉积岩一词来源于拉丁语，是"沉淀"的意思。有人称沉积岩为"水成岩"，其实这种称呼是很不确切的。因为沉积岩并不都是由水搬运而沉积成的，还有风、冰川等的搬运作用，有时还掺杂有火山物质和宇宙物质等。例如，火山爆发时的火山灰，落到地上形成凝灰岩；戈壁沙漠里的砾石是风化作用而成的；陨石等宇宙尘埃有时会掺杂在沉积岩中。唐代诗人岑参曾写道："一川碎石大如斗，随风满地石乱走。"就是说，在沉积岩的形成过程中，风可以搬运和沉积某些沉积物。此外，科学家们还发现，在形成珠穆朗玛峰的地层里，有一层杂砾岩，其中的砾石、砂子和泥土是由冰川搬运后沉积形成的。所以，把沉积岩叫作水成岩是名不副实的。

变质岩一词来源于希腊语，是"形态的变化"的意思。这一类岩石分布在地壳深处，在极高的温度和很大的压力条件下，由原来的岩石如火成岩、沉积岩发生变质而成的，例如石灰岩、

沉积岩

变质岩

石英岩、板岩、千枚岩、片岩和片麻岩等。

据地表各种岩石出露的情况推测，地壳上以火成岩最多，从面积来看，它约占所有岩石的64.7%，变质岩约占27.4%，沉积岩约占7.9%。但是体积较少的沉积岩，在地表的分布却约占所有陆地岩石分布面积的75%。

矿产的摇篮

所谓矿产，指一切埋藏在地下可供人类利用的天然矿物和岩石资源。人们生活在世界上，衣食住行无不与矿产相关。每天早晨，闹钟声把你从睡梦中催醒，你顺手打开电灯，穿上可心的化纤衣服。就这么一会儿功夫，你已经接触到许多从矿石中提取出来的物质了：闹钟里有铁制、铜制和铬制的一些零件，它们是分别从铁矿石、铜矿石和铬矿石中提取出来的金属；电灯的钨丝是从钨矿石中提取出来的，玻璃壳体是玻璃制品，是用石英质岩石或石英砂等熔炼成的；石灰岩是化纤的一种原料。从这些就不难看出矿产与人类的关系了。

矿物岩石知识的扩展与人类的物质文化的发展密切相关。科学家在非洲肯尼亚的维多利亚湖沿岸发现的人骨化石和石器的年龄为两百多万年，这说明原始人已经能利用岩石的坚硬特性制造生存、斗争的工具了。考古工作人员在南京地区发现了距今5500年—6300年的石器，这说明原始人在实践中了解了岩石的某些特性，已用岩石做成的石锄和石锛从事原始的农业劳动。而在安徽薛家岗出土的七孔石刀，则说明原始社会时期人类已经会用磨面光滑、刀口锋利、孔眼匀称的石器做日常生活的工具了。

随着生产的不断发展，人们对岩石的认识日益深化，岩石的用途也日益扩大。这就需要人们不断地开发矿产资源。矿产和岩石之间并没有明显的界限。矿产蕴藏于各种岩石中，岩石是矿产的母岩。

金刚石光彩夺目、硬度出

众，一直以来被视为无价之宝。它们产在一种稀少而特殊的金伯利岩中。

据说，很久以前有一行人乘坐直升机去选牧场位置，因飞机上指示方向的指南针失灵而迷失了航向。当他们着陆查看时，在古老的变质岩中发现了一个大磁铁矿床。原来是磁铁矿的磁性吸引了指南针，使指南针失灵。

在古代，人们曾经用白云母作屏风、窗户。今天，白云母被广泛用于电气工业和无线电工业。这种白云母是产自伟晶岩中的。

我国是世界上利用煤炭最早的国家，煤炭储量占世界第三位。据《史记·外戚世家》记载，约公元前 180 年前，我国已开始利用煤炭了。但在欧洲直到 13 世纪人们还不知道煤能燃烧。13世纪，意大利人马可·波罗来到中国，看见中国人烧煤，感到很惊讶。他在游记中写道："中国人使用的燃料既不是木，也不是干草，却是一种黑石头。"

此外，花岗岩、大理岩、辉长岩可用作高级的建筑石材或景观物件；石灰岩可用来烧制石灰，还可作水泥、玻璃和塑料等的原料，人们爱穿、爱用的涤纶等化纤制品的原料之一就是质地很纯的石灰岩；白云岩可作耐火材料和炼钢的熔剂；珍珠岩是隔热保温材料；玄武岩、辉绿岩是铸石原料等。

人类文化的发展与岩石关系也很密切。我国敦煌莫高窟、龙门石窟和云冈石窟的佛像都是在岩石上雕塑的。这些石窟记载了我国劳动人民的高超雕刻艺术，成为我国古代文化艺术的宝库。西安碑林的石碑上，雕刻着我国

西安碑林

古代丰富的文化典籍，也是历代著名书法艺术珍品的荟萃之地，有着巨大的历史和艺术价值。

岩石的学问

我国古代研究岩石的学者代表有北宋的沈括和明代的徐霞客。早在 11 世纪，沈括就已经根据太行山岩石中的生物化石和沉积物分析出华北平原地区曾经是海滨，他所著的《梦溪笔谈》

沈 括

被英国学者李约瑟誉为"中国科学史上的坐标"。徐霞客二十多岁开始调查石灰岩溶洞，踏遍了南方各省，与长风为伍，与云雾为伴，以洞穴为栖息之所，绝粮不悔，重病不悲，献身于探索大自然奥秘的工作中。他几十年如一日，所到之处，一山一石，一洞一穴，全被记载下来，死后由他人整理成名著《徐霞客游记》。

徐霞客

岩石的学问是相当丰富的。几百年以来，人们对于岩石的研究已经发展成为一门学科，这就是岩石学。它的任务主要是研究岩石的成因、结构构造、分类命名、分布规律、成矿关系以及岩石的演化过程等。

岩石是由矿物组成的。目前已经知道的矿物有 4000 多种，地壳中常见的矿物约三十种，如长石、石英、辉石、角闪石、橄榄石、云母和方解石等。它们占岩石中所有矿物的90%以上。

绝大多数矿物都是晶体，它们内部的原子或离子都按照一定秩序，有规律地排列起来，组成具有一定结构、一定形状的固态物质，这种固态物质被称为结晶矿物。绝大多数岩石是由结晶矿物组成的。例如，我国旅游胜地黄山、九华山上的花岗岩，都是由结晶矿物组成的。但是，自然界中也有极少数的岩石是由非结晶物质——玻璃质组成的，如具有隔热、隔音性能的珍珠岩。

珍珠岩

在火成岩中，还可以经常看到一些饶有趣味的矿物组合关系。如在肉红色的板状钾长石晶体中，镶嵌着长条形、尖棱状、三角状等烟灰色石英晶体，俨如古代的楔形文字，岩石学家称它为文象结构。

伟晶岩文象结构带

在海洋、湖泊和河流环境中形成的岩石，往往包含有较多的水生生物的骨骼，形成生物结构。而沉积岩结构大都很像花生糖和芝麻糖，岩石风化破碎成的矿物碎屑及岩屑像其中的花生粒和芝麻粒，胶结物就像糖一样把它们胶结起来，这就是胶结结构。

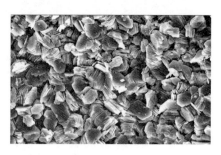

黏土矿物胶结

岩石中各种矿物的排列情况也是多种多样的。火山爆发时，熔浆边流动边凝固，使不同颜色的矿物、玻璃质和气孔沿一定方向呈流状排列，就像在河里放木排一样，可以指示熔浆流动的方向，这种排列现象被称为流纹构造。海底或其他水体中喷发的基性熔岩在水中形成枕头状，一块一块互相叠堆，称为枕状构造。

玄武岩枕状构造

有些岩石中的暗色矿物和浅色矿物相间呈条带状排列，称作条带状构造。

条带状构造

沉积岩往往是呈层状产出的，有的层薄得像纸一样，有的层厚达几米。采石工人采石时，他们总是顺着岩石的层理开采。岩石的层理是因为沉积物的颜色、成分和颗粒大小等不同而形成的。在有的层面上，还可以见到波浪的痕迹。这种痕迹，古代叫作砂痕，现在叫作波痕。

波　痕

从古至今，许多岩石学工作者，夜以继日、年复一年地埋头于岩石研究，在岩石里探索着无穷无尽的奥秘。18世纪末，岩石学开始成为一门独立的学科。当时资本主义工业迅速发展，对矿产资源的需求与日俱增。随着矿业的发展，当时的地质学家积累了大量的矿物和岩石资料，推动了岩石学的发展。在岩石学的发展史上，偏光显微镜的出现是一个转折点。19 世纪中叶，英国物理学家威廉·尼柯尔发明了偏光镜，还发明了制作岩石薄片的技术，并装制成了偏光显微镜。后来，英国的亨利·索尔比

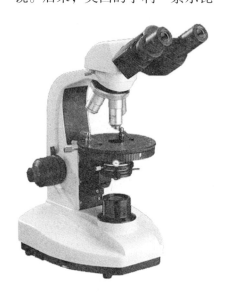

偏光显微镜

利用威廉·尼柯尔的这套装置，开始了用显微镜研究岩石的新时代。

岩石的研究大致上可以分为两个阶段。第一阶段是野外地质调查，目的在于弄清岩石的产出状态，与周围岩石的关系，岩石的矿物成分、结构构造，并大体确定岩石的类型和名称等。第二阶段是在实验室里用各种仪器，如偏光显微镜，通过 X 光衍射分析、光谱分析、红外光谱分析、化学分析，对岩石的矿物成分和化学成分做比较精确的鉴定，并对岩石所含微量元素做大型光栅光谱分析、X 射线荧光光谱分析、质谱和中子活化分析等。

第二章 石从何来

历史上的"水火之争"

地壳中存在着形形色色的岩石，有稀世之珍的各种宝石和玉石，也有能燃烧、会发光的各种岩石；有供人们游览赏玩的奇石、怪石，也有毫不引人注意的铺路石、奠基石等。面对这些奇岩怪石，我们不禁发问：岩石从何而来呢？岩石是如何形成的呢？我国古代曾有"天星坠地能为石"之说，这里的"天星"指的是陨石。古人看到高山上含螺蚌壳的岩石，就说"此乃昔日之海滨"，这是对沉积岩而言的。如果我们去了解一下地学发展史，就会发现在启蒙时代的地学

界，曾经有过激烈的"水火之争"，这是一场十分有趣的关于岩石成因方面的学术论战。

18世纪末，德国年轻的地质学家魏尔纳，根据化学家罗伯特·波义耳关于"晶体是从溶液中结晶而来"的实验，提出了花岗岩和各种金属矿物都是从原始海水中结晶沉淀出来的理论。魏尔纳完全否认地球上存在火山活动，并把现代的火山活动解释为煤和硫黄燃烧后剩下来的灰烬。他在哈兹看到花岗岩时，认为这里的花岗岩是"山脉的核心"，是原始地壳，断然否认这种岩石与岩浆活动有任何关系。他的学生们都拥护他的主张，于是形成了以魏尔纳为首的水成派。水成

派的主要论点是在地球生成的初期，地球表面全被滚烫的原始海洋所掩盖，溶解在这个原始海洋中的矿物质逐渐沉淀，从这些溶解物中最先分离出来的是一层很厚的花岗岩，随后又沉积了一层一层的结晶岩石。魏尔纳把结晶岩层和其下的花岗岩统称为"原始岩层"，他认为"原始岩层"是地球上最古老的岩石。他还认为，由于后来海平面一次又一次下降，露出水平面的原始岩层，经过侵蚀又形成了沉积岩层，他把这些沉积岩层称为"过渡层"。他认为"过渡层"以上含有化石的地层，都是由"原始岩石"变化产生的。他还坚持认为其中夹杂的玄武岩，是沉积物经过地下煤层燃烧形成的灰烬。

水成派主张所有的岩石和矿物都是在水中形成的，这个观点完全迎合了《圣经》中的大洪水说，因而得到了教会的支持，从而成为当时最主要的地质学派。

许多在火山地区工作的地质学家以大量事实驳斥了水成派的观点。法国地质学家尼古拉·德马雷在法国中部一个山区，发现了黑色的典型玄武岩，他一步步地探索这种玄武岩体，终于发现了喷出黑色的典型玄武岩的火山口。这一发现完全证明了玄武岩就是火山爆发出来的岩流。这个发现给水成派以严重的打击。当水成派成员要和德马雷争论时，德马雷却不愿意和他们争辩。

主张岩石是由火山作用形成的地质学家，被称为火成派。

当水成派与火成派的争论传到英国苏格兰南部的爱丁堡时，地质学家詹姆士·赫顿在综合了大量的地质资料以后，毅然加入了反对水成派的行列。由于他谦虚好学、待人诚恳，孜孜不倦地从事地质研究，所以深受大家敬重。在后来反对水成派的斗争中，赫顿成了火成派的领袖。

1785 年，赫顿在进行地质调查时发现了花岗岩不是呈层状产出的，而是呈脉状产出的，由一个大岩体向外分支，并贯穿了上覆的黑色云母片岩和石灰岩，在接触处还引起了石灰岩的变质。这一发现，完全证明了花岗岩的形成时间比石灰岩等岩石的形成时间要晚，花岗岩是岩浆侵入作用形成的。

为了进一步证明从熔浆中可以结晶出各种矿物晶体的科学道理，赫顿的朋友特意从意大利维苏威火山地区运来火山岩，把它们放在铁厂的火炉中熔化，再让它们慢慢冷却，结果成功地证明了赫顿的火成论是正确的。

1788年，赫顿公开宣布了火成论的观点。他认为由石英、长石等多种矿物结晶所组成的花岗岩，不可能是矿物质在水溶液中结晶出来的产物，而是高温下的熔化物质经过冷却结晶而成的物体。他还认为组成玄武岩的颗粒，大部分也是从熔化状态下逐渐冷却结晶而成的产物。

水成派和火成派的争论一直持续了几十年，两派之间的斗争十分激烈。当时，由于水成派借助了教会的势力，因此，火成派处于孤立地位。那时，赫顿连著作都无法刊印。1797年，赫顿在一片围攻声中愤然离世。但火成派的其他支持者仍高举旗帜坚持斗争。

后来，魏尔纳的学生布赫在法国和意大利的火山地区调查时，发现了火山岩的存在与煤层无关的事实。他的另一个学生洪堡远渡重洋来到拉丁美洲，在厄瓜多尔首都附近皮钦查的火山口调查时，亲眼看到火山爆发，从此认识到了火山作用的重要性。他们二人对水成派的反戈一击，就像一颗炸弹在水成派内部爆炸，使水成派瓦解了。

一度沉沦的火成派东山再起，赫顿的著作问世了，火成派成员又活跃在学术领域。不过火成派在强调"火"的作用的同时，对"水"的作用并不否认。

由于受科学水平的限制，两派的观点都不同程度地带有片面性。但是争论对于发展中的地质学来说，无疑是做出了一定的贡献的，它使地质学向前推进了一大步。

稀奇的岩浆湖

在非洲刚果民主共和国的东部，耸立着一座雄伟的盾形山，它海拔约 3470 米，当地人称它为尼拉贡戈火山。"尼拉贡戈"在当地居民的语言中是"不要到那里去"的意思。火山的顶部有一个直径为 2000 米的喷火口，好像巨大的深坑，四周布满了疏松的火山喷发物。就在这深 200 多米的坑底，有一个长 300 米、宽 100 米的岩浆湖，通红、炽热的熔浆在湖中翻滚嘶鸣，仿佛一炉沸腾的钢水，这是大自然中的一种壮丽奇观。

美国夏威夷群岛上的基拉韦厄火山也有一个岩浆湖可与尼拉贡戈岩浆湖媲美。基拉韦厄火山也是一座盾形火山，海拔只有 1200 多米，但它是直接从海底喷出的。如果把水下部分算进去，火山高度达 6000 多米。山顶上的火山口为直径 4000 多米的椭圆形洼地，深度为 130 多米。在坑底的西南角，还有一个直径约为 1000 米，深约 400 米的圆形深坑，被称为"哈里摩摩"，意思是"永恒的火焰之家"，这里长期存在着一个巨大的岩浆湖。从 1851 年—1894 年的 40 多年间，它一共只消失过几个月的时间。

其他一些火山，如尼亚穆拉吉拉火山、维苏威火山、硫黄岛火山和中美洲尼加拉瓜的马萨亚火山等都有过岩浆湖，但存在的时间都比较短。

岩浆湖里滚烫的熔岩流温度通常变化于 900～1200℃之间。岩浆湖上熊熊燃烧的火焰高达 4 米以上，温度高达

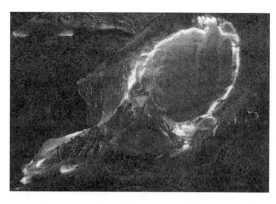

岩浆湖

1400℃。有人估计，1924 年以前的哈里摩摩岩浆湖，每年释放出的热量相当于 100 万吨左右石油的热量。有人形容尼亚穆拉吉拉火山爆发出的岩浆像稀粥一样，就是说岩浆的黏度不大。岩浆的成分很复杂，主要的化学成分是硅酸盐类。在岩浆中，二氧化硅的含量最大，其次是三氧化二铝、氧化亚铁、氧化钙、氧化镁、氧化钠等，此外，还含有大量的挥发成分和成矿金属元素。按二氧化硅的含量，可把岩浆分为四类：超基性岩浆，二氧化硅含量小于 45%；基性岩浆，二氧化硅含量在 45%～52% 之间；中性岩浆，二氧化硅含量在 52%～65% 之间；酸性岩浆，二氧化硅含量大于 65%。二氧化硅含量少的基性岩浆黏度小，流动性大；二氧化硅含量多的酸性岩浆黏度大、流动性小。

尼拉贡戈岩浆湖与哈里摩摩岩浆湖的湖面时而升高，时而降低。这是因为当地壳深部的岩浆受挤压而上升，快接近地表时，岩浆湖湖面就升高，反之则降低

或者消失。在哈里摩摩岩浆湖通道的顶部，通常有一段半固态的熔岩，而液态的岩浆就从下面沿着裂缝涌出，上面形成一个深十几米的岩浆湖，有时湖上还会出现高达几米的岩浆喷泉。

岩浆喷泉

岩浆湖的表面经常会产生暗红色的结皮，好像浮在铁水上的炉渣，堆积起来好像一大捆扭曲着的绳子；结皮不时破裂成饼状，再沉入白热的岩浆中去。岩浆里所含的气体不断地向外逸散，在湖面上形成一个个飞溅着的气泡，并且继续燃烧，发出美丽的黄绿色火焰。

地下深处蕴藏着的高温熔融物质，温度可达 1000℃。岩浆湖里的岩浆就是从这里涌上来的。过去有人认为岩浆呈圈状包围着整个地球。但从地球物理资

料看来，岩浆只局部地存在于地壳深处。当岩浆喷出地表后，喷发物堆积成山，就称为火山。如果岩浆在地壳内固结，就形成侵入岩体。

据统计，当今世界上活动着的火山有500多座，它们每年向地球表面喷溢出大量的岩浆物质。美国圣海伦斯火山在1980年连续大爆发，最猛烈的一次发生在5月18日，喷出大量火山灰和熔岩，形成巨大盆状火山口，是美国近代最大的一次火山爆发。

地壳深部和上地幔的岩石发生熔融，或者局部熔融而形成岩浆时，其体积将急剧增大。因为地壳深处的内压力和温度都很

高，如果地壳运动比较强烈，致使地壳发生断裂，从而出现局部压力降低的现象。此时，岩浆就必然沿着断裂带向上移动，上升到地壳上部，或喷溢出地面，这就好像高压水枪在高压下，水会从喷孔射出一样。

地壳深处的岩浆，也可能在向上移动的漫长道路上冷却凝固，形成各种各样的侵入岩体。火成岩就是岩浆侵入地壳深层3000米以下，缓慢冷却形成的，但火山岩也包括一些喷出岩。

火山爆发会生成很多火成岩。火成岩主要是由硅酸盐矿物组成的。常见的矿物有长石、石英、黑云母、角闪石、橄榄石和辉石等。前两种被称为浅色矿物或硅铝矿物，后四种被称为暗色矿物或铁镁矿物。由硅铝矿物组成的硅铝质岩石，如花岗岩、流纹岩等，多呈浅色，如白色、浅灰色、粉红色等。由铁镁矿物组成的铁镁岩石则几乎都

美国圣海伦斯火山爆发时的情景

是深色的，如深灰色、深绿色、黑色等。铁镁质岩石较硅铝质岩石的密度要大。大陆上多有硅铝质岩壳层，而大洋中则多有超镁铁质岩壳层。

研究火成岩对于认识地球内部的结构非常重要。地球内部具有圈层，且各圈层不均匀，岩浆可从地球内部把各圈层的物质"捕虏"过来带到地面，从而为研究地球内部物质提供了方便。经研究，人们认为玄武岩中的尖晶石二辉橄榄岩捕虏体是来自地球内部50000～100000米处的上地幔物质；金伯利岩中的金刚石榴辉岩捕虏体是来自地球内部100000～150000米处的上地幔物质。另外，研究火成岩也是为了寻找岩石中的矿产。火成岩与许多金属和非金属矿藏的生成有密切关系，如铬、镍、钴、铂与超基性岩和基性岩有关；钨、锡、钼则与酸性花岗岩有关；斑岩铜矿与安山岩有关等，这对人类生产、生活具有十分重要的意义。

沧海桑田话沉积岩

传说，有一位叫麻姑的神仙，她和另一位仙人王远相约去蔡经家喝酒。麻姑看上去只有十八九岁的样子。席间，麻姑对王远说："自从得了道、接受天命以来，我已经三次看到东海变成桑田。这次我路过蓬莱，看见海水比过去又浅了一半，或许不久后又要变为桑田吧！"

麻姑是虚构的人物，但麻姑所说的东海会变成桑田说明，海陆变迁的自然现象早就为我们的祖先所觉察，所以才有"沧海桑田"这一说法。

"沧桑之变"有时就发生在我们身边。例如，大约5000年以前，长江的入海口在江阴附近，现今江阴东面的海域已变为大片的沃土良田了。因为河流携带着大量泥沙流入海洋，日积月累，年复一年，河流入海处的海底不断升高，原来是海的地方被填平为陆地。著名的长江三角洲就是大自然赐给人类的美丽富饶的水乡泽国。我国第三大岛——崇明岛，面积约 1200 平方千米，它由长江泥沙冲积而成，这是沧海变桑田最典型的例证。据科学家测算，长江三角洲每 40 年向海区推进 1 千米，现在它仍在偷偷地"侵犯"海龙王的领地。黄河携带入海的泥沙每年平均达 16 亿吨。在几万年前，太行山以东也曾是汪洋大海，海水曾直拍太行山脚，山东宣陵是海中的孤岛，黄河入海口在洛阳附近的孟津一带。后来，这一片沧海被黄河带来的泥沙冲积成了平原。而且黄河还多次改道，侵夺淮河和海河的入海道，所以因黄河冲积而成的三角洲面积也就更大了。黄河、淮河、滹沱河、海河、滦河等主要河流所塑造的平原构成了华北平原的主体，我国首都北京、重要工业城市天津以及历史上的许多古城，如洛阳、开封、安阳等都坐落在这个平原之上。

"白浪茫茫与海连，平沙浩浩四无边。暮去朝来淘不住，遂令东海变桑田。"白居易的诗形象地描写了这种沧桑之变。

长江和黄河作为沧桑之变的例证，是流水对冲积物具有搬运和沉积作用的最好说明。

三角洲和海里的泥沙以及许许多多溶解在水中的物质是从哪里来的呢？原来，自然界中的岩石无论多么坚硬，多么结实，在阳光雨水的长期作用下，必然会发生破裂，有的由整体岩石变成碎块，碎块由大变小，变成砂砾和泥土；有的被水溶解，由流水、风和冰川等带到山麓、河岸、湖滨、海滩等场所，最后一层一层地沉积下来，再经过长期的压固、胶结，最后疏松的沉积物质就转变成坚硬的岩石了。因此说，沉积岩是经过风化、搬运、沉积和成岩四个阶段形成的。

将上述环境中形成的沉积岩与火成岩和变质岩比较，就可明显地看出沉积岩具有自己的特色。

含化石是沉积岩的特点之一。世界屋脊——珠穆朗玛峰海拔为 8848.86 米，峰顶为距今

4.1亿~5.15亿年前的早奥陶纪石灰岩地层，含笔石、三叶虫、鹦鹉螺等化石，在稍晚时间形成的地层中发现鱼龙化石等。珠穆玛朗峰上怎么会有这些动植物化石

珠穆朗玛峰

呢？原来在几亿年以前，那里是一片汪洋大海，海中生物繁盛。大海接受了周围流水带来的物质，在漫长的地质年代里不断地沉积下来，并逐渐成为岩石，死亡的生物遗体被埋藏在其中保存下来，就形成了化石。后来，随着地壳强烈变动，海底不断上升，就形成了珠穆朗玛峰。

沉积岩的第二个特点是具有明显的层理构造，如天津蓟州区、河南林州市和其他许多地区的沉积岩都呈层状产出。许多沉积岩在层面上还保存着当时由风、流水、海浪等形成的波浪、雨痕、泥裂、虫迹等。这些层面特征为人们研究沉积岩的生成环境提供了证据。

沉积岩的第三个特点是具有典型的沉积物质，如黏土矿物、石膏、硬石膏、磷酸盐矿物、有机质、方解石、白云石和部分菱铁矿等在沉积环境中形成的矿物。

沉积岩分布广泛，在我国领土上和领海中，沉积岩的覆盖面积占75%。目前工农业生产的原料，如铁、汞等有70%以上都与沉积岩有关；可燃性矿物，如煤、石油、天然气和油页岩全都产自沉积岩。特别值得重视的是，目前在沉积岩中还发现有大量的稀有元素、放射性元素以及铀、钍、钒、铜、铅、锌等其他矿产。许多沉积岩本身也是优质的建筑材料。

天星坠地能为石

晴朗的夜晚，月光皎洁，抬头仰望夜空，天幕上缀满了星星。在群星之中，有时候可以看到一颗飞速划过的明星，一会儿便消失不见，这就是人们常说的流星。流星坠落到地球上，称为陨星或者陨石。

我国研究陨石的历史悠久。《左传》一书中写道："十六年，春，陨石于宋五，陨星也。"就是说，公元前644年，在宋这个地方，天上掉下来五块石头，并肯定说这石头就是陨星。

陨 石

古希腊人已经知道，流星并不是真的星星，因为不论有多少流星坠落下来，天上星星的数目都不见减少。流星是宇宙中的一粒尘埃，其形状各式各样，"带有芒角"者更是屡见不鲜。当大多数流星坠落到大气层时，与空气摩擦开始燃烧，于是发出带有颜色的光亮来，炸裂时带有响声。质量小的流星被烧成灰烬，大质量的流星燃烧后的残骸，落到地面上就是陨石。

一般流星的坠落与自由落体情况相似，只不过在空气中受到氧化和气流的影响程度不同罢了。流星坠落有几种情况：自上而下坠的，称作"流"；在短距离内因受气流的影响自下而上飞驰的，称作"飞"。历史上也常有飞星的记载。《晋书·志·第三章》中记载："有长星赤而芒角……三投再还，往大还少。"说的是235年，有红色带芒角的流星三起三落坠落。科学家认为，这是受气流影响而产生的一种蛇行坠落现象。

到目前为止，在世界范围内收集到的最大的陨石约重60吨，是 1920 年在非洲发现的，现在仍保留在发现地。第二重的陨石约重 37 吨，是 1969 年在阿根廷发现的。1898 年，在我国新疆准噶尔盆地东北部的青河县发现了一块约重 28 吨的陨石，取名为"银骆驼"，现在陈列在乌鲁木齐博物馆。

1976 年 3 月 8 日，我国东北吉林地区下了一场世界罕见的陨石雨，共收集到 138 块陨石标本，重量超过 2.7 吨。而 1800 年—1950 年的 150 年间，全球大陆上收集到的陨石标本仅有 670 多块。可见，收集陨石也是很不容易的事。

天文学家和地质学家对陨石进行了长期的研究，测得它们的密度为 3～8 克/立方厘米，比地球外壳的密度大。按成分，陨石可分为三类：石陨石、铁陨石和石铁混合陨石。

石陨石主要由硅酸盐物质组成，完全是普通石头的模样。密度为 3～5 克/立方厘米。石陨石分为球粒陨石和无球粒陨石。球粒陨石内部散布着许多球状颗粒，最大的球粒像豌豆一样大，小的有绿豆大，最小的有芝麻大小，这叫作球粒结构。据考古发现，欧洲旧石器时代的古罗马农民曾利用石陨石制作石器；菲律宾、马来西亚新石器时代的人，也曾用石陨石来制作石器。

石陨石

铁陨石主要由金属铁和镍组成，其中含铁 90%、镍 8%，此外还有少量钴、铜、磷、硫等。

铁陨石

它们的外表很像铁块，密度为7~8克/立方厘米。

从古埃及和美索不达米亚等地发掘出来的铁锤是铁镍合金的，而且含有少量的钴。显然，它是用天然合金——陨铁制成的。有人曾在新巴比伦王国遗址发现了一把匕首，据考证，它是公元前3000多年的制成品，主要成分是含镍10%的镍铁合金，也就是陨石。考古学者认为，公元前几千年，人类在未经开发的地区，努力寻找陨铁来制造锐利的武器。长久以来，人们认为陨铁具有特殊的质地，在阿拉伯地区、蒙古和格陵兰岛等地，直到19世纪，还用陨铁来制造腰刀、匕首、箭头、斧子等武器。

石铁混合陨石主要由硅酸盐矿物和铁、镍金属组成，其外表像石头和铁的混合体。密度为4~6克/立方厘米，形态各异。石铁混合陨石大致分为两类，其中一类叫"橄榄陨石"，它们像一块铁海绵，中间的空洞被圆形或多角形的玻璃状石质颗粒矿物所充填，另一类叫"中铁陨石"，它们本身是石质硅酸盐物质，表面散布着许多铁镍颗粒。

坠落到地面上的三种陨石，以石陨石的数量最多，约占93%；铁陨石比较少见，约占5.5%；石铁陨石最少，约占1.5%。博物馆中所收藏的多数是铁陨石，因为铁陨石是金属块，容易被人们认识，而石陨石却经常被错认为是普通石头，不予重视。

陨石以每秒十几千米的速度向地球飞来，在大气层中摩擦燃烧，表面熔化而形成蚌壳状的气印。熔壳内部一般是由灰色、黑色的石质和铁质组成的固体物质，还包括铁、镍、钴、镁、硅、氧、铬、锰、钛、锡、铝、钾、钠、钙、砷、磷、氮、硫、氯、碳、氢等元素。这些元素和地壳上常见的元素相同。

陨石中还含有生命物质。1969年9月，在澳大利亚坠落的一块碳质球粒陨石，经分析，含有一定数量的碳和水，并含有超过100种氨基酸和其他有机物。1976年3月8日，我国吉林地区坠落的"吉林陨石雨"中也发现有多种氨基酸和卟啉、色素、异戊二烯等多种有机化合物。这些有机物质，目前还处于初始状态，一旦条件适宜就能演化生命。

一般认为，陨石和行星都是太阳系的早期产物，它们很可能是在相当接近的时间里，相继从原始太阳星云中分离、凝聚而成。陨石的年龄同地球、月球等星体一样，已经46亿岁了。

陨石是我们可以接触到的天体物质，是从天上"摘"下来的星星，也是送上门来的天然材料。因此，陨石是珍贵的宇宙来客。它们不仅为人们带来了许多宇宙的信息，也为许多自然科学研究提供了不可多得的情报。

第三章　有关岩石的名词术语

岩石圈

　　岩石圈是地壳和上地幔顶部的坚硬岩石部分。地壳的平均厚度为 17 千米，大陆地壳比较厚，最厚的地方可达 70 千米，平均厚度为 35 千米；海洋地壳薄，最薄的地方不到 5 千米，平均厚度只有 6 千米。虽然岩石圈外表僵硬，但它在运动中却显示出力量和生机。现在地球上海洋和陆地的位置并不是固定的，有人利

用电脑把七大洲像拼七巧板一样，拼合得天衣无缝。20 世纪初，德国科学家魏格纳认为，大约在 2 亿年前，地球上只有一个

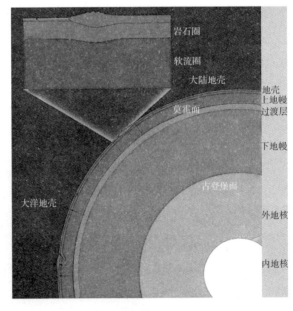

岩石圈

海洋，所有大陆都连成一片，后来地球表面碎裂成七个巨大板块，才分离出今天的大洲和大洋。到20世纪50年代后期，由于人们对地球构造的研究从陆地深入到海洋，经过各种调查，了解到世界各地的巨大山脉大多是因海底隆起而形成的，组成这些山脉的岩石厚度已超过10千米。薄薄的地壳具有隔热功能，使地核和地幔的热量聚在地幔的上部界面附近，让岩石形成炽热的岩浆，通过洋中脊朝地面上挤，正是这种力量导致地球表面像巨大的拼板那样来回移动。

层　理

层　理

层理是地壳岩石沿垂直方向变化所产生的层状构造，是在沉积岩中，由于岩石成分、构造以及颜色在剖面上突变或渐变所显现出来的一种纹理，主要有平行层理、水平层理、交错层理和粒序层理，是沉积岩的重要特征。层理是怎样形成的呢？原来沉积物在堆积时，颗粒粗大的砾石最先沉积，其次是砂、粉砂、黏土。春夏之际，岩石中水分多，沉积物粗，有机质不易保存，颜色略浅。秋冬之际则相反。不同的年份也不一样，如平常年份，洞庭湖里每年泥沙淤积在湖底的平均厚度约为3厘米。这样周而复始，便形成了富有规律、节奏明显的成层构造。所以，沉积岩中重重叠叠、暗淡相间的层理，犹如地球的史册，记录着岩石沉积时地球环境条件的变迁。

"万卷书"

"万卷书"是指重重叠叠的薄层岩石，它们的颜色黑白相间，层次分明，平卧在山野，从侧面望去，宛如横放在地上的一沓沓书页。中国山东省临朐县山旺村，就有一部举世闻名的大自然的巨著——山旺"万卷书"。原来，在1000多万年前，这里是一片湖泊，气候湿润，湖中有大量硅藻生长、繁殖。夏天硅藻死亡少，而且死后容易分解，不易保存下来；冬天水枯，泥沙减少，死亡的硅藻、凋落的树叶等有机物质大大增多，有利于有机质在沉积物中保存下来。夏天形成的"万卷书"色浅，冬天形成的"万卷书"色暗，层次分明又比较薄，看起来就很像书页了。中国许多地方都有这样的"万卷书"。其中，贵州省梵净山自然保护区的许多"万卷

书"，层理清晰，其薄如纸，平正地铺叠在大地上，加上许多呈竖向节理切割，构成凌空垒叠的"万卷书"奇观。不仅造型奇特，而且给人以丰富的联想。

走 向

走向是地质体在地面上的延伸方向，通常由构造面积水平面的交线——走向线的方向来表示。根据不同的构造面，分别称为岩层面走向、断层面走向、节理面走向、褶皱轴面走向等，山脉的走向也是山脊线的方向。走向可以用罗盘测定。如果山或谷两翼岩层的走向是平行的，那么两翼岩层在沿走向延长的方向上是永不相交的。如果两翼岩层走向不平行，那么它们一定会在一个方向合拢，而在另一个方向散开。如杭州南高峰和玉皇山之间的青龙山，它的两翼岩层走向是不平行的，所

山旺"万卷书"

以青龙山的两翼岩层在东北方向慢慢合拢，并且向西湖方向倾伏。山区的公路路基常常沿岩层的走向盘山而筑，连中国古代修建的雄伟的万里长城与岩层的走向也是一致的呢！

倾 向

倾向是指地质构造面由高处指向低处的方向。它与走向垂直，可以用构造面上与走向线相垂直并沿斜面向下的一条倾斜线在水平面上的投影所指的方向来表示。所以在野外测定岩层的产状要素时，往往只需记录岩层的倾向和倾角即可。有的工程建设必须了解岩层的倾向，例如，蓄水库要求岩层的倾向是向着蓄水库的，这样水库就不会漏水；若岩层的倾向与蓄水库相反，而且地层中又是易于透水或溶蚀的岩层，蓄水库就不可避免地要漏水。

倾 角

倾角是岩层层面与水平面所成的夹角，用来表示岩层倾斜的程度。它用层面上与走向线直交的倾斜线和水平面的夹角来表示。常见的野外弯曲的岩层倾角是不对称的。如杭州飞来峰东南翼岩层较西北翼岩层倾角大，南、北高峰之间的青龙山两翼的倾角也是不对称的。当岩层倾角大于45°时，岩层表现为极陡峻的倾向，有的甚至表现为直立的岩层，这些直立的岩层表明它们的埋藏环境受到很大的破坏。如果岩层成分又含有黏质岩石，则表明这些岩层可能会滑落、崩塌，不能在这里修筑建筑物。

整 合

整合是指新老两套岩层的走向和倾向基本一致，而且它们之间在沉积过程中没有间断的一种接触关系。这种现象产生的原因，主要是沉积地区的地壳很长时间都比较稳定，地壳缓慢地下降，沉积地区不断接受沉积物；或者地壳虽然在上升，但是沉积地区还能不断接受沉积物，于是就形成层次分明、层层相叠的岩层。仔细观察岩石的性质，会发现它们是在渐渐变化的，如果能够找到生物化石的话，会发现生物也是在渐渐变化的。如果岩层中的颗粒从下向上由粗变细，例如由砂岩逐渐变为砂质页岩、页岩、泥质页岩……那么就可以判断岩层在沉积时，地壳是在不断地下降的；反过来，就是在缓慢上升的。借助整合，可研究岩层形成时的环境。

不整合

不整合是指新老两套岩层的产状明显不一致的接触关系。当水平沉积的沉积物强烈地变位形成褶皱以后，新的沉积物在褶皱上形成水平层理的覆盖层，岩石的上、下地层"不和谐"地接触在一起。

在河南登封市少林寺一带，不仅庙宇壮观、景色迷人，而且存在着两种奇特的岩层。这两种岩层的上面是近于水平的砾岩，下面是紫红色页岩。页岩与砾岩有个斜着的交角，看上去非常不和谐，像在"吵嘴"。这种"不和谐"的岩层接触现象是怎样形成的呢？在距今 6.2 亿年左右，华北地区曾发生了一次比较强烈的地壳运动，原先水平的页岩隆起成山。过了 1 亿年后，地壳又下降，又有新的沉积物沉积在上面，于是就有了"不和谐"的两层岩层。这是很典型的不整合。不整合现象不仅能说明地壳运动、古地理环境和古生物的变化，而且可以指明某些矿产的分布。岩层的不整合面上常富集铝、铁、锰等重要的矿产资源。

假整合

假整合也称平行不整合。是指新老两套岩层的产状大致相同，但是它们之间有广泛而明显的剥蚀面的接触关系。在地壳运动比较稳定的沉积层中的老岩层，由于地壳平缓地上升而露出地面，受到风化剥蚀。一个时期中地壳没有发生强烈的运动，又平缓地下降，在剥蚀面上又沉积了新的岩层，这样就形成了假整合。露出地面的老岩层如果遭受剥蚀比较强烈，时间又长，常常会形成起伏不平的形状，相反，表面就比较平整。遭受剥蚀的岩层表面，那些破碎的砾石很难被搬走，新的沉积物包裹住它们，经过黏结和压实便形成了砾岩层，它是新岩层的底部，所以又叫"底砾层"，这是判断假整合的一个明显标志。

褶　皱

褶皱是岩石发生的一系列波状的变曲变形。把一块布摊平放在桌面上，用手从两边向中间一挤，就会看到它呈现波浪般的弯曲。同样的道理，强烈的地壳运动会使水平岩层产生褶皱。一个弯曲叫作"褶曲"，其中向上凸起的部分叫"背斜"，向下凹进的部分叫"向斜"。褶皱是地表形态的基础，褶皱大时，会形成峰峦起伏的山脉，世界上许多高山都是褶皱山脉，如亚洲的喜马拉雅山脉和欧洲的阿尔卑斯山脉

都是褶皱山脉。如果你留心观察采石场、公路或者山崖的岩壁，有时会发觉弯曲的岩层，这是规模较小的褶皱。最小的褶皱还能放在手掌上呢！

背　斜

背斜是岩层向上凸起的褶曲。在岩层沉积形成的过程中，总是老的岩层在下，新的岩层在上，所以向上凸起之后，老的岩层就在中间，新的岩层则分布在像屋顶似的两翼上了。如果背斜出露地表，而且没有遭到剥蚀破坏，我们只要看它的形态就能认出它来。但是在外力作用的长期侵蚀下，背斜的形态往往会遭受破坏，那么我们就只能根据"新的岩层在两翼，老的岩层在中间"的规律来辨别了。判别岩层的背斜在生产建设中很有意义。譬如，我们在地表发现了两处煤层的露头，它们向外倾斜，如果简单地把它们认为是向斜，以为地下煤层会相连，这就错了。其实它们的中间是老岩层，而两边倒是新岩层，是一个被剥蚀的背

斜，地底下的煤层不会相连。如果贸然往下打井，会找不到煤层，浪费精力和物力。

向 斜

向斜是岩层向下凹进的褶曲。从岩层的新老关系排列来看，中心部分岩层较新，而两翼岩层则越来越老。在野外，我们可以根据这个规律来辨别。当我们站在杭州飞来峰南面公园的草坪上望飞来峰时，可以看到那里的石灰岩的形态是一层一层向下弯曲着的，这就是飞来峰的向斜层。假如我们从天马山向西北走，穿过飞来峰直奔北高峰，在路上会先看到年代较老的砂岩，中途看到年代较新的飞来蜂石灰岩，最后又出现了年代较老的砂岩。但是在长期的外力侵蚀作用下，由于岩层遭到不同程度的破坏，改变了地形的原貌，也会出现背斜成谷、向斜反而成山的地形倒置的现象。一般认为，在向斜地区建设水库有利于蓄水。

断 裂

断裂是指岩石承受不了所受到的作用力时产生的破裂现象。岩石有弹性，受力时会像橡皮筋那样改变形态，外力解除后，就能恢复原状。不过它的弹性不大，超过一定范围后，就不能恢复原状而破裂了。按岩石破裂状况，可分为节理、劈理和断层三类。破裂的程度有强有弱，规模也有大有小。大的一条断层长达几千千米，沿断裂面错动的距离也有几十千米，断裂深度最深可达地壳底部；小的则在一块岩石上就有许许多多的节理。北京中山公园社稷坛的西边台阶的大理石上布满了密密麻麻的裂缝，很有规律地彼此交叉着，组成了一个个菱形的格子。地质学家们常根据这些图像来研究地壳运动的方向，他们认为菱形的锐角所指的方向，就是当初大理石在地壳中所受到的压力的方向。

节　理

节理是岩石断裂的一种形式，它的破裂面两侧的岩石没有明显的相对移动。几乎所有的岩石中都出现有节理，而且多半成群出现，大小不同，疏密不一，有的相互平行，有的纵横交错。节理往往出现在岩石较薄弱的地方，长期的外力作用会使它风化剥蚀掉，犹如经过鬼斧神工的雕琢切削，形成令人叹为观止的奇景：有的像插在地上的一炷巨香；有的如地底冒出的巨笋直指青天；有的成了巨石相夹的石缝，抬头只能望见一线天空；有的变为悬石危岩中的羊肠小道。富含节理的岩层有利于地下水的运动和聚集，常会出露泉水和瀑布。节理多的岩石容易破碎，所以在修筑隧道、开挖矿井等地下工程开始前，必须先对节理状况做详细的调查，以防可能引起的破坏作用。

节　理

劈　理

劈理是指变形岩石中能使岩石沿一定方向劈开成无数薄片的面状构造。这些薄片通常呈平行排列，非常密集。劈理主要出现在经历了强烈变形和轻度变质的岩石中，如褶皱的沉积岩和变质岩。这些岩石具有明显的各向异性特征，发育状况往往与岩石中所含片状矿物的数量及其定向的程度有密切关系。了解岩石中的劈理具有深远的意义。劈理与其他的变形过程，特别是褶皱，以及变质作用有直接的联系。这使得我们可以通过研究劈理，更好地理解一个地区的褶皱几何形态；同时，探索岩体中劈理的形成机制，可以帮助我们更深入地理解变形过程，甚至可以重建出变形时的物理条件；不仅如此，劈理还可能成为地下水的通道，特别是在风化微弱的地区。

断　层

断层是指沿着断裂面（带），岩石两侧的岩层发生明显的相对移位的一种断裂。断裂面称为"断层面"，两侧的岩块称为"盘"。如果断层面是倾斜的，在断层面上面的一盘称为"上盘"，下面的一盘称为"下盘"。如果断层面是直立的，往往以方向来说明，如东盘或西盘，左盘或右盘。根据断层的两盘相对移动的状况可分为正断层、逆断层和平移断层。断层规模大小不等。1976年唐山发生地震后，原来平坦的道路变得坎坷不平，上下错动60~70厘米，水平方向的错距更大，达到120厘米，甚至250厘米，林荫道旁原来排成一列的树木，被断裂错开成为不连续的两行。两侧岩层垂直错动最大的一次，要数

1899年美国阿拉斯加大地震所创的141米的记录。断层同样存在于海底，如东太平洋海底高原被东西方向的十几个断层分隔开来，这些断层各自向东西方向延伸了1600千米。断层会形成奇特的景观，如由于秦岭上升而形成的华山，就是一座以险峻闻名于世的断层山，而下降的一侧由流水带来泥沙充填，形成了八百里秦川的沃野。在台湾东海岸，雄伟的海岸悬崖也是大断层创造的奇迹。不过断层也会带来危害，它是引发地震的重要原因，所以不管是陆地工程还是水利建设都必须考虑断层这个因素。

造山运动

造山运动是指一定地带内的地壳物质受到水平方向的挤压力作用，岩石急剧变形而大规模隆起形成山脉的运动。造山运动可以是迅速和剧烈的，也可以是缓慢而长期的。在世界地图上，一眼可见从地中海西端的直布罗陀海峡的两侧到印度半岛的北部，

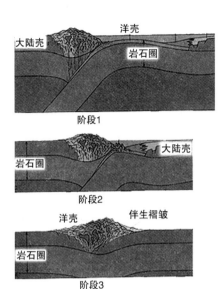

阶段1

阶段2

伴生褶皱

阶段3

造山运动

是地球上山脉绵延、群峰林立的地带。为什么这么多的世界高峰会云集在这一带呢？原来这一带本是浩瀚的海洋，陆地上的泥沙随着流水进入海里，于是在海底出现了沉积层，不断沉积的泥沙把里面的水分挤了出来，变成了坚硬的岩石。巨大的重量使沉积层底部受到了强大的压力，同时地球内部又传来大量的热量，如果这时沉积层两侧的大陆被地球内部的对流推动而产生挤压，就会像老虎钳夹东西一样形成巨大的力量，于是沉积层就会隆出地面变成山脉，阿尔卑斯山脉和喜马拉雅山脉就是这样形成的。环绕太平洋的地区是地球上另一个高山云集的地方，这两个大造山带都是从距今15亿年前开始，一直持续到现在的造山运动形成的。

喜马拉雅运动

喜马拉雅运动简称"喜山运动"，是发生于距今2300万—80万年的造山运动。造山运动使整个古地中海发生了强烈的褶皱，地球上出现了横贯东西的巨大山脉，其中包括北非的阿特拉斯山脉，欧洲的比利牛斯山脉、阿尔卑斯山脉、喀尔巴阡山脉以及向东延伸的高加索山脉和喜马拉雅山脉，它们是世界上最年轻的褶皱山脉，至今还保持着高峻雄伟的姿态。环太平洋的北美西部海岸山脉、南美安第斯山脉以及西伯利亚的堪察加半岛、日本列岛、中国台湾岛、菲律宾群岛、印度尼西亚、新西兰等地也在这时呈褶皱隆起，这些都是地壳的最新褶皱带，也是现代火山和地震活动最为频繁的地区。喜马拉雅运动之后，中国境内的海陆分布和山川形势已基本与现代相似。

水平运动

水平运动是指沿着与地球半径相垂直的方向发生的地壳运动。这有点像我们用手平推摊开的桌布，桌布便一层层皱起一样。地壳岩层的水平移动使地壳岩层在水平方向上受到挤压力，形成巨大而强烈的褶皱和断裂等构造，使地表起伏加大。世界上许多高山、大洋都是地壳水平运动造成的。地壳从古到今都有水平运动，所以我们到处可以看见地壳水平运动留下的痕迹。例如，1926 年—1933 年间欧洲与美洲之间的距离，平均每年增加65 厘米；美国西部著名的圣安地列斯断层是在 15 亿年以前形成的，断层两侧同一岩层的总错距已达 480 千米。科学家根据对水平运动的研究，认为日本列岛正以 18 厘米/年的速度向亚洲大陆靠近，它是否会和亚洲大陆会合，引起了人们的兴趣。类似的还有夏威夷以 51 厘米/年的速度靠近北美大陆。更有趣的是澳大利亚大陆正以 6 厘米/年的速度向北移动，使澳大利亚有朝一日可能脱离副热干旱带而进入赤道多雨区，从而结束澳大利亚大陆的干旱史。

垂直运动

垂直运动是指沿着地球半径方向进行的缓慢升降的地壳运动，常表现为大规模的隆起和凹陷，并引起地势高低起伏的变化和海陆变迁。意大利那不勒斯海湾沿岸有 3 根高约 12 米的大理石柱，它们是垂直运动的见证。石柱原是一座古建筑的一部分，建于公元前 2 世纪古罗马时代。公元 79 年，维苏威火山喷发后，石柱被火山灰掩埋了 36 米。此后这里渐渐下沉，到 15 世纪时石柱被海水淹没了 6 米以上，海水剥蚀着石柱，使被淹没的石柱布满了密密麻麻的小孔。此后，这里又开始上升，到了 18 世纪，石柱又重新位于海面以上。从 19 世纪初开始，这里再次下沉，到 1955 年石柱又被海水淹没了 25 米，地壳下沉速度超过 2 厘米/年，可见那不勒斯海湾沿岸正处于交替的升降运动之中。垂直运动还可能是很剧烈的。1692 年，牙买加岛发生了一次地震，罗亚尔港的 3/4 沉入海底。许多年之后，当船只驶过这座水底城市顶部时，人们还能看见淹没在水下的一幢幢房屋。

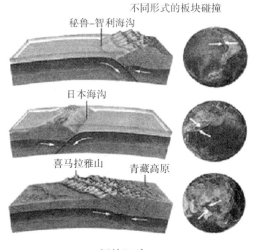

不同形式的板块碰撞

秘鲁–智利海沟

日本海沟

喜马拉雅山　青藏高原

板块运动

板块运动

　　板块运动指岩石圈分裂为板块的运动。这是科学家在大陆漂移学说和海底扩张学说的基础上提出的新主张。岩石圈不是完整的一层坚硬外壳，而是由一块块板块构成的，它们像木块浮在水面上一样漂浮在软流层上面。它们可以相互分开、聚合、移动。

板块运动会引发地震和火山活动，会造海建山，改变地球的外貌。例如，地球上本没有大西洋，大约在 2 亿年前，美洲、欧洲和非洲之间出现了裂缝，板块分开，裂缝便扩大为 S 形的大西洋，原来是欧洲大陆一部分的英国，也在此时分离成与欧洲大陆隔海相望的岛屿。

火　山

　　火山是地球内部炽热的岩浆沿着地壳裂缝冲出地表时，喷出的熔岩和碎屑在火山口及四周堆积而成的山丘或高地地貌景观。按它的爆发频率可分为活火山、休眠火山和死火山。有的火山喷发时，地球表面像被炸开了一个天窗，炽热的岩浆、水蒸气、围岩碎屑及其他气体冲入天际，腾起熊熊火焰，异常夺目；还有的火山喷发时，炽热的岩浆涌出地表顺坡流下，像蜿蜒的火龙一样，景象十分壮观。世界上较猛烈、破坏性较大的一次火山喷发是发生在公元前 1470 年爱琴海的桑托林岛火山，这次喷发激起了 50 多米高的海浪，摧毁了约 130 千米以外的克里特岛上的村镇，让已有一千多年历史的米诺斯文明消失。火山喷发会给人类带来巨大的灾难，如破坏地表、冲毁建筑、堵塞河流、污染环境等，但也会给人类带来不可估量的益处，如火山灰冲积土肥力极高，有利于种植业的发展，火山活动地区常有丰富的金属、硫黄和地热资源，火山喷发物也是一种重要的建筑材料，有的火山分布地区还被辟为游览疗养区。

火山喷发

熔岩流

熔岩流是火山爆发时在地表流动的液态熔岩。熔融状态时的熔岩，就像炼钢炉中的钢水，它的温度一般在 900～1200℃之间，最高可以达到 1400℃。温度高、流动性强的熔岩自火山口溢出地面，像从火山口伸出的一条巨大的不断向前伸展的舌头。当熔岩来源充足、地势适宜时，熔岩的流动范围会很广很远。例如，1783 年冰岛拉基火山在喷发时，喷出的熔岩体积约 12 立方千米，被熔岩流所覆盖的面积约为 565 平方千米，熔岩流长达 70 千米，犹如一条条长长的火河奔流而

熔岩流

下。熔岩流的速度一般为15千米/时，除与熔岩的成分、性质和温度有关外，熔岩流的速度还受到地形的影响。随着温度降低，以及所含气体的逐渐散失，熔岩流的速度便会减慢，直到停止。如熔岩温度高、地形坡度陡时，熔岩流的速度也就快，如果流入河谷中，受河床的约束，还会加快流动，曾有过45～65千米/时的高流速。熔岩流在地面凝结后形成特殊的形态，如绳状、块状、枕状、波状以及熔岩旋涡、熔岩钟乳等千姿百态的自然景象。

熔岩湖

熔岩湖是由溢出的熔岩在火山口或破火山口洼地内长期保持液态而成的湖。它的下端连接火山通道，四周有凝固的熔岩堤坝，在火山活动时，湖面升高，熔岩可越过堤坝，向外溢出，甚至向空中喷起。这种熔岩湖多数都是由流动性强的基性熔岩构成，面积时大时小。世界上较典型、较活跃的熔岩湖是刚果民主共和国的尼拉贡戈火山和夏威夷岛上的基拉韦厄火山的火山熔岩湖。尼拉贡戈火山坐落在非洲中部著名的维龙加火山群中，距戈马市以北约10千米，海拔3470米。20世纪以来，火山活动频繁，在火山顶部的熔岩湖，温度超过1100℃，湖面不

尼拉贡戈火山的熔岩湖

断升起一股股灰白色的烟柱。因此，山顶常年被浓密的火山烟雾笼罩着。1948 年、1972 年、1975 年、1977 年和 1986 年，该熔岩湖都曾溢出和喷发，喷发得猛烈时，在相隔 100 多千米的地方都可以看到喷发的壮丽景色，尤其是在戈马市看火山爆发时的夜景，如同观赏烟火一样，绚丽多彩。

露　头

露头是地下岩体、地层和矿床等露出地表的部分。那些由于地质作用（如地壳变动、风和水流的侵蚀等）而出露地表的，叫作天然露头，如山区峡谷两边的陡崖峭壁、江河边的岸壁等。那些由于人为作用（如开山、筑路等）而出露地表的，叫作人工露头，如隧洞的四壁、采石场的采石面和公路、铁道的路堑两壁等。露头越新鲜，就越能清楚地反映地下岩体、地层等的情况。一般说来，人工露头要比天然露头新鲜，但是人工露头的规模要比天然露头小。在野外地质观察中，通过露头可以了解岩体的岩石性质；可以测量地层的产状，掌握地壳变动的情况；还可以在露头中寻找化石，从而判断地层的地质年代等。如果露头中含有有用矿物，还可以推知地壳深处的矿产种类和蕴藏情况，为开发地下宝藏提供有力的证据。

化　石

化石是保存在地层中的古代生物的遗体、遗迹和遗物的总称。大部分生物死后，遗体不是被其他动物吃掉，就是被细菌分解后腐烂掉，而那些坚硬的骨骼、介壳等也因遭到风吹、雨淋、日晒而变成粉末，被风吹走

化　石

或被流水带走。只有那些死后迅速被泥沙掩埋，并且和空气隔绝的生物遗体，经过其他矿物质置换等石化作用，才能慢慢形成化石。按照化石的保存特点可以将化石分为实体化石、模铸化石、遗迹化石和化学化石。化石是古代生物存在的证据。根据生物由低级到高级、由简单到复杂的演化规律，化石又可以帮助人们来确定地层形成的年代，成为划分地层地质年代的主要根据。

标准化石

标准化石是地质学里用来确定地层生成年代和环境的化石。什么样的化石才能成为标准化石呢？首先，化石中的生物在地质历史上生活的时间必须短，如三叶虫只生活在古生代的早期，纺锤蜓只生活在古生代的晚期，那么只要在地层里找到它们的化石，就可以知道这段地层的形成年代。其次，这些生物在当时应该很繁盛，分布的范围比较广阔，这样才可能在许多地方都形成化石，人们可以比较容易找到它们。在不同的地区和不同岩石性质的地层中，只要发现同一种标准化石，就可以认为它们是在同一时代形成的。在用放射性同位素测定地层年龄之前，科学家主要用标准化石来确定地层年代。

三叶虫化石

三叶虫是早已绝灭的古生代节肢动物，现在只能看到它们的化石，一般长几厘米，最大的可达 70 厘米，最小的仅几毫米。它们像一片椭圆的树叶，横分为头、尾和身体三部分，身体两侧对称，背部中央两条纵向背沟组成轴叶，两边为两个侧叶，所以叫作"三叶虫"。它们大多数聚

三叶虫化石

集在海底，以游移状态生活，在整个古生代中，它们经历了兴起、繁盛、衰落、残余和灭绝等过程，所以三叶虫化石是早古生代的标准化石。如果再仔细研究它们不同的种类，还可以区分出究竟是古生代中哪个纪的产物呢！

中国的三叶虫化石非常丰富。明代曾有人在山东大汶口捡到一怪石，石块上有近百只"蝙蝠"，有的如振翅飞翔，有的似卧在石上，连翅膀和肌肉都能看得很清楚。这个人把此石做成一方砚台，并称它为"多蝠砚"。1914 年，地质学家章鸿钊先生在大汶口看到当地许多人在开采"蝙蝠石"，于是就带了些标本回去进行研究。原来这些"蝙蝠"是一种三叶虫——潘氏镰尾虫的尾部化石，两侧有两根粗壮的大刺分别向后伸展，就像蝙蝠的翅膀，而尾轴由于化石模糊不清，看上去像蝙蝠的身躯，由此揭开了"蝙蝠石"之谜。不过，为纪念山东一带古代劳动人民对这个化石的最早认识，人们仍叫它为"蝙蝠石"。

原始鱼化石

原始鱼是最早出现的脊椎动物。地质学家发现的奥陶纪的无颌类的星甲鱼化石，它们的口腔中没有骨头，身体上披着厚沉的骨片，外表像鱼形，是鱼类的祖先。到了志留纪它们才成为有口腔、有骨头的真正的有颌类鱼。泥盆纪时鱼类繁盛起来，种类和数量都很多，是当时最高等、最普遍的动物。不过这些鱼大多数都披着甲壳，像古代的武士身穿铠甲一样，人们把它们统称为"甲胄鱼类"。鱼化石在各个地质时期都有，中国南方泥盆纪的头甲鱼化石分布很广，新疆、江苏、浙江等地还发现二叠纪的鳕鱼化石等。除了化石之外，人们还在印度洋中找到一种拉蒂迈鱼，从它们的身上，可以看出生活在泥盆纪的空棘鱼类的大概模样。

第四章　矿物与岩石

地壳化学成分

地壳中各种各样的物质，是由90多种自然存在的化学元素以不同的方式组成的。其中含量最多的是氧，约占地壳总重量的一半；其次是硅，约占26%；第三位是铝；第四位是铁。它们所组成的金属在人类生活中占有首要地位，几乎到处都可以见到。接着是钙、钠、钾、镁，它们是土壤中营养成分的主要组成部分。这八种元素加在一起，约占地壳总重量的98%，其余多种元素的总重量约占地壳总重量的2%。许多重要的金属元素在地壳中的含量很少，如铜只占0.01%，金占0.0000005%，但是在一定的地质作用下，它们可以在一定的地方聚集起来，形成有价值的矿产。地球中地壳是人类可以直接研究和利用的部分，掌握地壳的化学成分，对人类的生存和发展具有很重要的意义。

矿　物

矿物是指天然产出、具有一定的化学成分和有序的原子排列，通常由无机作用形成的均匀固体。现在已发现的矿物有4000多种，常见的只有50~60种。它们大多为固态的，只有很少部分是液态和气态的。如石油、水银是液态的，天然气是气态的。不同的矿物在外形和性质上是不同的，根据矿物的物理性质，一般把矿物分为金属矿物和非金属矿物。可根据矿物的颜色、硬度、光泽、气味等特性，把它们区分出来。例如，铁矿是黑色的，而辰砂是红色的；金刚石硬得可以刻划玻璃，而滑石却可被指甲刻出痕迹；黄铁矿有耀眼的金属光泽，而石盐有玻璃光泽；最有意思的是用火烧雄黄和雌黄时，会发出大蒜一样的气味。

自然金

自然金是未加工过的黄金，因形状酷似狗头，又称狗头金，可分为脉金和沙金两种。脉金多分布在地壳有断裂的地方。当这

自然金

些地方的金属矿石被风化破碎后，常与泥沙一道被流水冲到别处，在水流减慢或停止时沉积下来，就形成了沙金矿，所以自古就有"沙里淘金"一说。自然金是自然界密度较大的矿物之一，约是同样大的一块铁的重量的2.4倍。它们的外表黄灿灿、光闪闪的。自然金一般以不规则的小颗粒出现，偶尔也有较大的块体。它们被称为"百金之王"，是金属中的"贵族"，还可制成金条作为国际通用的货币。用它们做成的各种装饰品，价值同样十分高。自然金在自然界很少，地壳中平均每吨岩石里仅含金0.005克，但分布倒是很广。因此，即使是自然金矿，矿石中的含金量仍然是很低的。然而，在有些得天独厚的地方，却会形成巨大的自然金块，俗称"狗头金"。目前，世界上发现狗头金最多的国家是澳大利亚。已知世界上最大的狗头金重285.77千克，发现于澳大利亚的一座沙金矿中。中国近年在湖南、四川、黑龙江、青海、山东

等省也不断发现狗头金。如四川省的白玉县昌台地区近年来采得大小狗头金数以千计，大于 500 克的就有 11 块。其中最大的两块分别为 4800.4 克和 4200 克。

地质学家们发现海水和岩石一样含有自然金，虽然平均每吨海水含金量只有 0.004 ~ 0.02 毫克，但是海洋很大，有人估计海水中所有的自然金加在一起至少有 1000 万吨，远远超过陆地自然金总量。目前所知，加勒比海的海水中含金量最高，每吨海水含金量高达 15 ~ 18 毫克，比一般海水含金量高出很多。将来只要找到一种廉价的加工方法，人类就可以从海水中大规模地提取自然金了。

水 银

水银学名叫作"汞"，是一种光泽强、易流动的银白色液态金属。在自然界中常以液态小球状分散在一些岩石中，所以又叫它们"自然汞"。水银有不少有趣的性质：在 356.58℃ 时沸腾气化，其蒸气有剧毒；在

汞

-38.87℃ 时凝固成美丽的银蓝色固体；它们的密度很大，能自行聚成滚来滚去的小球珠；它们有明显而又规则的膨胀性，利用这点，人们用它们制作温度计；它们还具有很强的溶解其他金属的本领，除了铁以外，它们几乎能与所有金属"友好相处"——形成汞合金。水银在工业、农业、美术、医学、现代国防和航天方面应用广泛。

金刚石

金刚石是自然界天然存在的最坚硬的矿物，也是一种极贵重的宝石。金刚石经得起强酸、强碱的腐蚀，甚至不怕 700℃ 的高

温。纯净的金刚石无色透明，但较多见的有黄、蓝、褐等颜色，都有很亮的光泽。金刚石在高温高压的火山口里面形成。有时，由于雨水和温度的变化等原因，使含有金刚石的岩石破碎，又被流水带往地势较低的地方，所以金刚石也可能在一些河流流域被发现。透明、色美的金刚石经琢磨后，叫作"钻石"。由于质地坚硬，它们的表面一旦磨光，就再也不会产生"伤痕"，灿烂的光辉永远不会消失，所以钻石是昂贵的装饰品，享有"宝石之王"的美誉。金刚石还能切割玻璃，做唱片机的针尖、牙科手术用的钻头和矿山钻探机的钻头等。

天然金刚石

世界上最大的一颗金刚石是

1905 年在南非的一个金刚石矿中发现的，以矿主的名字命名的"库利南"。它纯净透明，浅蓝色，重 3106 克拉（计量宝石的重量单位，1 克拉 = 0.2 克），差不多有一个成年男子的拳头那么大。后来它被加工成 9 颗大钻和 96 颗小钻，全为英国皇室所占有。中国最大的宝石级天然金刚石叫"常林钻石"，于 1977 年在山东临沭县常林被发现。它为浅黄色的透明体，重 158.786 克拉。

王冠上的库利南 1 号

石墨

石墨是一种铁黑色的非金属矿，质地较软，在纸上划过能留下黑色印迹，会弄脏手，有滑腻感。通常由煤或含碳的沉积岩"变质"而成。石墨最平常的用途是与黏土按一定的比例制成铅笔芯。此外，它们不怕高温，也不怕酸碱腐蚀，能导电，还具有润滑作用。人们用它们制作化学上用于加热的高温坩埚和炼钢炉上的电极，以及机器高温条件下长久运转时需要的润滑油。非常纯的石墨还能在原子反应堆中作减速剂。

石 墨

辰 砂

辰砂俗称"朱砂"，是一种朱红色的矿物。因为中国古代的辰州（今湖南沅陵）所产最佳，从而得名。辰砂常由地壳中的水所带的汞物质与硫结合而成，是炼汞的最主要原料。中国古代很早就把它们作为药材和颜料。作为药材，临床上有安神、明目、止血等功效；作为颜料，有色泽鲜红明丽、长时间不褪色的优点。如长沙马王堆一号汉墓里出土的朱红菱纹罗丝锦袍上的朱红色，就是辰砂所染，经过2000多年，还十分鲜艳。现代的高级绘画颜料银朱，一般也是由辰砂研细而成的粉末，用以绘画，能长久保存。

1980年，在贵州的万山汞矿区，发现了一块长65.4毫米、内径为35～37毫米、净重237克的辰砂晶体，为世界之最，故名"辰砂王"，现藏于北京地质博物馆。

辰 砂

黄铁矿

黄铁矿是一种浅黄色的矿物。结晶体常为立方体，表面有条纹。由于它们含有的硫比铁还多，所以又叫"硫铁矿"。它们主要被用于提取硫黄，制造硫酸。黄铁矿经过长期的日晒雨淋，在地表经过水的溶解和大气的氧化作用而变成炼铁的矿物——褐铁矿。黄铁矿在地壳中分布很广。它们有很强的金属光泽，由于颜色、光泽与自然金相似，常被误认为是黄金，所以也有人叫它们"愚人金"。不过要区别它们很容易。俗话说"真金不怕火炼"，黄铁矿用火一烧就会冒烟，并且发出很难闻的臭味，假黄金的"狐狸尾巴"就露出来了。

锰结核

锰结核是一种大洋底部的有生物骨骼或岩石碎片内核的矿石团块。锰结核形态各异、大小不等、重量不一，直径从不足1厘米到几十厘米，少数达1米以上，特大者重百千克。它们除了主要含有锰和铁元素之外，还有铜、锌、铅、钼、金、银、镍、钴等60多种金属元素。它们能够吸收海底的元素，由小变大地自我生长，所以有"活矿石"之称。据估计，全世界大洋底部

黄铁矿

锰结核

有 3 万亿吨锰结核。其中，太平洋底部有 1.7 万亿吨，大约含锰 4000 亿吨、铁 2320 亿吨、钴 58 亿吨、镍 64 亿吨、铜 55 亿吨、锌 7.8 亿吨……这些都是工业生产中十分重要的金属矿产，它们的数量大大超过陆地上同样矿产的储量，所以人们一直在研究怎样既经济又有效地把它们从海底捞上来。科学家们曾经预言：21 世纪主要开采的矿产就是锰结核。

刚 玉

刚玉是一种硬度仅次于金刚石的矿物，也可以做宝石，与金刚石是一对"宝石姐妹"。它们有很亮的玻璃光泽，颜色五颜六色，其中，刚玉宝石中的珍品有"红宝石""蓝宝石""白宝石""金宝石"和"黑宝石"等。最著名的是红宝石和蓝宝石。那些像星星一样闪光的刚玉，叫作"星彩刚玉"，较为名贵。除了做宝石，刚玉还被用作耐火材料、精密仪器的轴承和用来磨制精度和表面光洁度要求很高的产品。

刚 玉

世界上历史悠久的宝石级刚玉产地在缅甸，那里曾产出许多著名的刚玉宝石。如藏于英国不列颠博物馆的 690 克拉红宝石晶体和伊朗皇冠上 84 颗 11 克拉的红宝石扣子，都是缅甸的名产。

萤 石

萤石是一种在紫外线照射下或加热后能发出荧光的矿物。因含氟的成分最多，又名"氟石"。常见的有绿、白、黄、蓝、紫等色，纯净的萤石无色透明，但很少见。萤石是火山喷出的含氟物质富集、冷却而形成的，它们常在岩石空隙的内壁上结晶，甚至成群地聚集在较大的岩石空洞里，形成美丽的晶洞。中国是

萤　石

出产萤石最多的国家之一，分布也很广。萤石是冶铁的熔剂，可用以提高铁矿石的易熔性和炉渣的流动性，还有利于去除铁矿石中的有害杂质。无色透明的萤石是优质光学仪器的透镜原料。色彩艳丽的大块萤石被称为"软水晶"，可以琢磨成欣赏石。

红宝石

红宝石是红色透明的刚玉。因产量远比蓝宝石（红宝石之外的刚玉宝石通称）稀少，并且颗粒大的很少见，所以比蓝宝石更为珍贵。常见的有粉红、玫瑰红、紫红、血红等各种颜色，以血红者为最佳，俗称"鸽血红"。纯正的"鸽血红"在白炽光的辉映下，色彩艳丽动人。一颗"鸽血红"要比同样重的钻石还贵重。在中国故宫博物院的珍宝室里，陈列有好几颗红宝石，都属稀世珍宝。红宝石除作装饰品外，还被用作钟表和精密仪器的轴承。手表中的红宝石被习惯性地称为"钻"。如17钻，即用17颗红宝石作为轴承。当然，由于手表业需用的红宝石数量极多，人们早已改用人造红宝石了。20世纪60年代初，科学家利用红宝石晶体制成激光仪，用它来测量月地距离，误差只有几厘米。红宝石为人类登月的成功立下了汗马功劳。

红宝石

石 英

石英是一种质地坚硬、有玻璃光泽的矿物，在地球上到处可见。粒状的石英是花岗岩、砂岩等各种岩石的重要组成部分。发育完善的石英晶体中间为六棱柱状，两端呈六棱锥状，常常分布在岩石的裂隙和孔洞里。有时还能"集合"成美丽的晶体群——晶簇，如同盛开的花朵一般，十分好看。石英一般为乳白色，因含不同的杂质，也常见红、紫、黑等颜色。一般的石英

可用来制造玻璃。无色透明的石英晶体叫作"水晶"。水晶的用途很大，可作为工艺品、光学仪器的材料和石英钟表的元件。近年来，还被广泛地应用于自动武器、超音速飞机、人造卫星及电子显微镜等设备上，是现代国防、电子工业不可缺少的矿物材料。

自然界里大的水晶不多。中国有块"水晶王"，是 1958 年在江苏东海县房山镇柘塘村被发现的。它高 1.7 米、重 3500 千克，现陈列在北京中国地质博物馆里。

石 英

水 晶

磁铁矿

磁铁矿是含铁量最高的一种铁黑色矿物，是炼铁的重要矿物原料，有暗淡的金属光泽。常见

的磁铁矿为粒状或块状，也有瘤状的。磁铁矿分布很广，在大部分火成岩和变质岩里都可发现，但是含量不高。磁铁矿有磁性，磁铁可吸住它们，它们也可以吸起较轻的铁制物品。在埋藏大量磁铁矿的地方，好像一块巨大的磁铁，会使指南针指错方向。在库尔斯克，地下的磁铁矿竟使指针的南北方向完全反过来了。人们根据磁铁矿的这种性质来找矿，而且发明了非常灵敏的航空测磁仪来代替指南针。在仪器的帮助下，人们在飞机上也可以探查出磁铁矿的埋藏地点，把它们一个一个找出来。

磁铁矿

玛瑙

玛瑙是一种色彩丰富、美丽多姿的玉石矿物。因其花纹很像马脑而得名。玛瑙主要产于玄武岩等火山岩的气孔中，常常由非常细小的石英聚集而成。把玛瑙切开，可以在断面上看到不同颜色的条带和花纹，而且往往有像树木年轮一样的同心环。中国有句俗话说"千种玛瑙万种玉"，就是形容玛瑙形状不一、大小各异、五光十色、纹理万变。实际上玛瑙的品种也确实繁多。如纹带细如蚕丝紧密缠绕的缠丝玛瑙；"正视莹白，侧视若凝血"的夹胎玛瑙；花纹如苔藓的苔纹玛瑙；花纹如柏枝的柏枝玛瑙；漆黑而带有一丝白的合子玛瑙；还有其中包着一腔自然水的水胆玛瑙等。它们都是一些天生丽质、价值很高的品种。玛瑙坚硬而不脆，一般可制成玛瑙轴承和耐磨器皿，更多的则用来镶嵌在戒指上，或做项链珠子。还可以巧妙地利用玛瑙的花纹和色彩，把它们雕制成各种工艺品。如北京玉石厂曾将一些合子玛瑙雕成一群黑山羊，每只黑山羊的腰部都绕一白圈，非常别致而富有情趣。

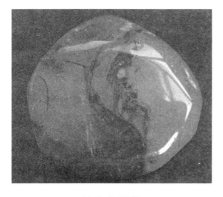

天然水草玛瑙

绿柱石

绿柱石又叫"绿宝石"，是一种以淡绿色为主的六方柱形的矿物。其硬度较大，具有玻璃光泽，是岩浆在地下缓慢冷却的过程中，有关物质成分相对聚集、结晶而形成的。美丽晶莹的绿柱石可作镶嵌在戒指上的宝石和其他装饰品。纯态绿柱石是无色透明的，若夹杂了微量元素或杂质就会呈现出其他的颜色。如绿柱石中有一种碧绿苍翠的纯绿宝石叫"祖母绿"（含铬或钒），由于它们的色彩动人而又少见，被视为宝石珍品。古希腊神话中人们将它们作为宝石献给维纳斯女神。此外，还有呈透明蔚蓝色的海蓝宝石和橘黄色的金绿柱石（均含有铁）以及粉红色的摩根石（含锰）等。一般的绿柱石是提炼国防工业急需的稀有金属铍的主要矿物原料。

非洲马达加斯加曾经发现一块特大的绿柱石晶体，长 18 米、直径 3.5 米、体积 143 立方米，重约 380 吨。这是迄今为止人们所知道的所有矿物晶体中最大的一块。

绿柱石

软　玉

软玉是一类质地细腻坚韧、色泽柔润晶莹的玉石的总称，因硬度略小于硬玉而得名。中国是世界上产软玉最著名的国家，所以国外常称软玉为"中国玉"。软玉主要生成于变质岩中，是岩石中的有用矿物成分在高温、高压下重新结晶的产物。优良的软玉品种有新疆的和田玉、四川的龙溪玉和台湾省的台湾玉等，最著名的是和田玉。现存于世界上的一些古代精美玉器便是和田玉所制，玉器专家更将和田青玉称作"帝王之玉"。和田玉中有一种纯洁无瑕、状如凝脂的白玉，叫作"羊脂玉"，是玉中珍品。此外，还有纯黑的墨玉和白、绿

软　玉

皆有的青白玉，它们都属高档玉料。

在北京故宫博物院中，陈列着一座5吨多重的大型浮雕——大禹治水。它是由清乾隆时从新疆采来的一块和田青白玉雕琢而成的。当时，清政府动用了几百匹马和上千人力，用了3年，才从新疆运到北京，后又转运扬州，由数百位著名工匠用了6年多的时间才雕琢完成。浮雕上治水人物的劳动情景和山水树木都表现得栩栩如生，体现了中国劳动人民无限的创造力和精湛的技艺。

翡　翠

翡翠是由硬玉矿物的细针状微晶体紧密交织而成的一种玉，为玉中之王，有白色和深浅不同的绿、黄、红等色。其实，"红者为翡，绿者为翠"，其他颜色的都是杂色硬玉。由于翡玉很少，且远不如翠玉那么惹人喜爱，所以习惯上翡翠专指翠绿色硬玉。优质的翡翠凝翠欲滴，鲜亮晶莹，硬而不脆，十分耐压耐

磨，为玉中精英，极其昂贵。自然界中的硬玉比软玉稀少得多，翡翠则更少。中国有一名叫"卅二万种"的土豆状翡翠，分成五块后，最大的一块重 363.8 千克，它被艺术家雕成泰山，取名"岱岳奇观"，成为无价国宝。

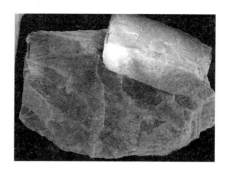

云　母

翡　翠

云　母

云母俗名"千层纸"，是一种由许多极薄的、富有弹性的薄片组成的矿物，具有珍珠光泽。片与片结合得不是很牢，能像揭书页那样一片片地揭下来。云母有白云母、金云母、黑云母、锂

云母和水云母等种类。颜色和外表因成分不完全一样而有所不同，有的像金黄色的鱼鳞，有的像无色的玻璃，也有的像黑色、绿色的石头等。云母是自然界里造就岩石的主要矿物之一，可常在火成岩、沉积岩和变质岩中看到它的小颗粒甚至晶体。白云母和金云母不导电，而且耐高温、高压和酸碱腐蚀，是电气工业的重要材料。锂云母是提取锂和制作金属锂制品的主要原料之一。

长　石

长石是构成地壳的最主要的矿物。几乎在所有的岩石中都可以见到它们。长石的颜色大多为白色、肉红色或灰色，也有色彩非常漂亮的粉红色、绿色等颜

长 石

色。长石有多种类型，主要可分为正长石和斜长石两大类。长石风化后变成高岭石等黏土矿物，是制造玻璃和陶瓷的主要原料。由于长石中含有钾、钠、钙等成分，风化成土壤后具有植物必需的养分。透明漂亮的长石常用来做工艺装饰品。如具有碧蓝和蓝白变色的一种长石，叫作"月光石"，从不同角度看它，能显出不同的光彩，十分引人注目，可以做成项链珠等装饰品。中国历史上著名的和氏璧，据史书对它的描述判断，可能就是一块月光石。

黄 玉

黄玉是一种很像水晶，但比水晶还要坚硬的晶体形矿物。无色或有浅黄、酒黄等色。常有大晶体，出现在一些具有很大颗粒的岩石中。透明晶亮、色泽艳丽的黄玉又叫"黄晶"，可作宝石。但是它们经不起日晒和受热，日久会变颜色，所以只属于中级宝石。黄玉还可用来磨制成精度和表面光洁度都很高的产品。

黄玉分布很广，产量也大。中国新疆有质量较好的黄玉。巴西是世界上主要的黄玉产地之一，盛产一种价值较高的"酒黄宝石"，晶体也都很大，其中一颗重达240.25千克，成为世界黄晶宝库中的珍品。

沸 石

沸石是一些火烧后会出现起泡（沸腾）现象的矿物的总称，

沸 石

呈透明、白色或很浅的灰、黄等色。目前，世界上发现的沸石有80多种，它们都是由含不同成分的火山喷出物形成的，所以常见于喷出岩，特别是玄武岩的气孔中。由于各种不同的沸石内部都有大小不同的空腔，能像筛子一样过滤其他物质的分子，因而人们又叫它们为"分子筛"。工业上常用它们净化或分离混合成分的物质，如分离气体、净化石油及处理废水、废气和废渣。沸石还有"农业维生素"的美称，可用来改良土壤、作饲料添加剂，据研究表明，纳米沸石能显著提高荞麦植株的维生素C、氨基酸和还原糖量，同时还能降低硝酸盐含量。除此之外，沸石还能用来制作水泥、高强度的轻质砖及远红外线烘干元件等。近年来，世界各国都在积极开发沸石矿藏，沸石已成为工农业生产的热门货。

海泡石

海泡石是一种质地光滑细腻，呈土状块体的灰色矿物。因

海泡石

曾被一位德国学者称为"海的泡沫"而得名。它们在海洋里生成，重量很轻，不怕热，加水后能随意塑造成各种形状而不破碎。它们可以作为地质开采、石油钻井的优质泥浆原料，在石油和油脂工业中用作脱色剂、净化剂和吸附剂，可以去除矿物油、植物油和动物油中的有色、有毒成分及臭味。在医药工业中，可作离子交换剂、净化剂，还可作葡萄糖的发酵剂。它们还是制造玻璃、珐琅的最佳原料，并在国防工业和空间科学等方面有广泛的用途，人们称赞它们是"大海留下的明珠"！

滑 石

滑石是一种摸上去非常光滑

滑 石

的矿物。一般为白色或淡绿色，硬度很小，能用指甲刮下细腻而滑溜的白色粉末。中国的滑石矿产资源丰富，著名的辽宁海城滑石矿所产的滑石，质地优良，驰名中外。滑石的用途极为广泛，把它们掺在纸浆和陶瓷原料中，可提高纸和陶瓷制品的光泽和透明度，增强对颜料的吸附；若油漆中含有滑石，能减少油漆表面磨损和漆皮掉落现象；用滑石作辅助材料的橡胶显得非常柔软而滑润。滑石还是许多日用品和化妆品不可缺少的成分。如香皂、牙膏、珍珠霜及粉类化妆品中都有滑石粉。滑石对人类生产和生活的贡献真大啊！

叶蜡石

叶蜡石是一种色泽丰富、美丽如玉的石质矿物，它们硬度较小，很容易加工。叶蜡石琢磨后具有很强的蜡状光泽，是一种理想的工艺石料。叶蜡石主要由火山碎屑岩经喷气作用、热水作用蚀变而形成。因产地不同，石质、颜色及纹理也有差别。中国比较著名的叶蜡石有寿山石、昌化石和青田石，它们都是制印章的上品和珍贵的工艺美术品原料。寿山石产于福建省的寿山，质地细腻、色泽浑厚，以褐色居多，尤其是产于水田中的田黄石，素有"易金三倍"的价值。昌化石产于浙江省昌化镇的康山，质略透明，其中有一种因含有辰砂而呈血红色或有鲜红斑迹的，看起来就像鸡血凝结或溅洒一样，被人们形象地叫作"鸡血

叶蜡石

石"。用斑斓艳丽的鸡血石雕成的工艺品，在国内外声誉极佳。青田石产于浙江省青田县的方山，有红色、白色、灰色、黄色、苹果绿等颜色，还有变幻无穷的纹理。有的晶莹似果冻，有的如同灿烂的灯光，利用它们的天然色彩，可以巧妙地雕刻出各种栩栩如生的工艺美术品。

石　膏

石膏是一种硬度很小的白色矿物，常结晶成厚板状或柱状。主要因古代盐湖或潟（xì）湖中的水被蒸发浓缩后，由其中的化学物质沉积而成。有时，在沉积石膏层形成之后，地壳的运动可以使它们成为地下孔洞。洞壁上的石膏质点或小晶体会慢慢增大，并逐步形成簇聚着无数石膏晶体的晶洞。石膏的用途很多，中国古代早就发明了用石膏使豆浆凝成豆腐，农业上用石膏来改良土壤。此外，建筑、模型、造纸、油漆、医药和文教等行业也都离不开它们。

石　膏

在湖南省地质博物馆里，有一个在湖南耒阳市上堡黄铁矿区被发掘出来并复原的大型石膏晶洞，洞内聚集了上千个石膏晶体，总重量在 3 吨以上。洞中有长度才 1 厘米的小晶体，也有长度超过 1.5 米的大晶体，大小晶体交错镶嵌，相互映衬，一个个透明似水、洁白如玉，就像仙宫一样。

方解石

方解石是一种晶体为菱形的矿物。其化学成分是碳酸钙，所以遇盐酸会剧烈起泡。通常为无色或白色，含杂质者也有其他颜色。最大的特点是晶体形状很规则，无论将它们敲击成多么小的碎块，都呈表面很光滑的菱形。

方解石在自然界分布很广，一般作制造水泥、电石等的原料。无色透明、没有裂隙和瑕疵的方解石叫作"冰洲石"。色泽美丽的方解石，能磨制成很好看的观赏石。如加拿大的白色石、美国加利福尼亚的金黄色石和墨西哥的大红色石等，都是收藏家所珍爱的品种。

方解石

冰洲石

冰洲石是无色透明、晶体完整、没有裂隙和瑕疵的方解石。因最早发现于冰岛而得名。冰洲石有很亮的玻璃闪光，能经受日光长期照射而不变色，透明度也不受影响。透过冰洲石看纸张，纸上的一条线会变成两条线，一个字会变成两个字，这是光学上的一种双折射现象。因此它们常被用来制造特种光学仪器，也是激光工业和天文望远镜制作方面必需的材料。这些特殊用途使它们身价百倍，与金刚石不相上下。冰洲石有的产于石灰岩裂隙或溶洞中，有的出现在火山喷出岩里，如优质的冰洲石常出现在玄武岩的气孔中。冰洲石不易形成大规模的矿床，而且质软性脆，容易在开采时产生裂纹而失去工业意义，所以目前世界各地的冰洲石还供不应求。

冰洲石

孔雀石

孔雀石是一种呈翠绿色的、

孔雀石

美丽的含铜矿物。因它们的翠绿色与孔雀羽毛的颜色相似而得名。其硬度较小，用小刀可划出痕迹。遇盐酸会起泡，并发出"咝咝"声。它们的形态多样，常见的有葡萄状、钟乳状等集合体。孔雀石是含铜矿物与空气长期接触、氧化而成的，因此，常与铜矿相伴而生，并且多出露在地表。由于它们那引人注目的色彩，在野外很容易被辨认，可作为寻找铜矿的标志。孔雀石也是炼铜的矿物原料之一。块大色美者，也是工艺雕刻品的材料，可用于琢磨各种饰物。孔雀石的粉末还能制作绘画用的高级颜料呢！

琥 珀

琥珀又叫"遗玉"，是一种形成于砂砾岩和煤层沉积物中，具有树脂光泽的有机矿物。琥珀的质量很轻，一般呈蜡黄色及黄褐色，形状各色各样，多为透明体。有的里面包裹着栩栩如生的小昆虫，看起来好像一触就会动、一碰就要飞一样，十分有趣。在远古的地球成煤时期，森林中常有一些大树因日晒风吹、雷劈火烧而致伤，便会有树脂从"伤口"里渗流出来。一点一滴，日积月累，就堆积、凝结成

琥 珀

了形状各异的树脂团。有时，活跃于林间的某些小昆虫不小心刚巧被黏住，并且被后来分泌出来的树脂包住。凭着树脂的保护，隔绝了空气，小昆虫不仅没有腐烂，而且"蒙难"时一刹那的神态也被保留了下来。这些树脂团后来又与森林一起被地壳运动深埋于地下，经过漫长的地质岁月，就形成了煤层中的树脂化石——琥珀。在中国的抚顺煤田中，就有大量的琥珀。琥珀能做绝缘材料、化工原料、药材。用色美无瑕、剔透明亮的琥珀制作的装饰品和工艺品，被人们视为高档珍品。内有完整的昆虫遗体的琥珀，就是不加琢磨，也是很别致的摆设品。由于琥珀提供了最直观、最生动的古代生物标本，在古生物研究中，具有很大意义。

岩　石

岩石小名叫"石头"，是一种或几种矿物有规律地组成的集合体。各种各样的岩石包围着地球，形成地壳，所以我们会经常碰到它们。把岩石放在显微镜下观察，可以看出其中所含有的矿物。有些岩石的组成矿物颗粒较大，用肉眼也能看清楚。例如，在花岗岩中，那些乳白色的、用小刀都划不动的是石英，那些肉红色的、用小刀可划出痕迹的是长石，那些一闪一闪的小片状物则是云母。根据岩石中矿物的成分、颗粒大小、形状和排列方式，可以确定岩石的种类。按形成的原因，岩石可以分成火成岩、沉积岩和变质岩三大类。每类岩石都有各自独特的外表特征，如火成岩常有颗粒状的矿物颗粒，沉积岩有一层层明显的层理，而变质岩中的片状、柱状和板状矿物常常平行排列。不同类型的岩石还能形成各自特有的矿产。如许多有色金属都存在于火成岩中，而煤、石油等则存在于沉积岩里。有的岩石本身就是有用的矿产，如大理岩、石灰岩、花岗岩等。

火成岩

火成岩又叫"岩浆岩"，是

火成岩

由地球内部滚烫的岩浆冷凝而成的一类岩石。岩浆来自地幔或地壳深处，温度相当高，受到的压力也很大，所以活动能力很强。当地壳的某些地方产生裂缝时，它们就会拼命地挤向地表。有的在地壳中停下来，在地壳深处慢慢地冷凝，这样形成的火成岩叫作"侵入岩"。根据形成的部位的深浅，又可分为"深成岩"和"浅成岩"。有时岩浆上涌的力量大到可喷出地面，形成火山爆发。喷出来的熔融岩浆及碎屑物质等堆积冷凝后形成的火成岩叫作"火山岩"，又叫"喷出岩"。火成岩是组成地壳的主要岩石，从地面到地下16000米的地方，火成岩的体积约占地壳总体积的65%，约占总质量的95%。在火成岩的形成过程中，随着岩浆的上升，温度逐渐下降，它们就不断地结晶出各种各样的矿物，当某些有用矿物聚集到一定数量，就成为矿产资源。所以，火成岩中孕育着许多宝藏。

花岗岩

花岗岩也叫"花岗石"，是一种坚固、美观的侵入岩，由地球内部滚热的岩浆在地壳内慢慢冷凝而形成。它们含有许多颗粒大而颜色不同的矿物，主要是石英和长石，所以颜色一般较浅，大多为灰白色和肉红色，其中的黑色颗粒则是黑云母等矿物。花

人民英雄纪念碑

岗岩的分布非常广，常形成巨大的岩体。中国著名的黄山、华山、八达岭等主要都是由花岗岩构成的。花岗岩磨光后，可以在上面雕刻图案或文字，不易磨损，许多大型的、纪念性的建筑物都用它们作石料。如人民英雄纪念碑的数十米高的碑身用石，就是产于山东青岛浮山的花岗岩。

流纹岩

流纹岩是一种浅灰色或灰红色的火山喷出岩，主要由浅色的石英、长石等矿物组成，是颜色较浅的火山喷出岩之一。构成流纹岩的岩浆黏稠性很大，当它们

流纹岩

喷出地表，还在缓慢流动时，就被冷凝了。所以，流纹岩中不同颜色的物质都呈平直或弯曲的流动状排列，如同流水的波纹，给人以动感。如果岩石中有一块较大的矿物晶体，其流纹会像水流绕过石头一样绕道而流。在自然界中，流纹岩常形成奇特的岩钟、岩塔等地貌。被誉为天下奇观的雁荡山，主要就是由流纹岩构成的。流纹岩坚硬致密，可作建筑材料。

河北省兴隆县有一种流纹岩，石面上的流纹竟是鲜花般的花纹。将石面磨光后，花纹更加清晰，一朵朵宛如深秋盛开的菊花，人们叫它们"菊花状流纹岩"。形成这种流纹岩的岩浆黏度很大，还含有较多的深色矿物，当它们突然喷出地表，又一下子冷凝时，深色矿物来不及结晶而成为一些极细小的雏晶，这些雏晶矿物在岩浆冷凝收缩力的作用下，就形成了放射状的"菊花"。

玄武岩

玄武岩是一种灰黑色、多气孔的火山喷出岩，主要由颗粒细

玄武岩

小的深色矿物组成。当来自地壳深处的岩浆喷出地面冷凝时，其中所含的气体物质会很快挥发逸出，从而在形成的岩石中留下一些圆形或椭圆形的气孔。有时在这些气孔中又充填了方解石等浅色矿物，人们就形象地叫它"杏仁构造"。因为岩浆冷却凝固时会收缩，所以常使冷凝后的玄武岩体产生许多纵向的裂隙，成为一个个长而规则的直立柱状体，犹如无数把排列整齐的巨大的筷子，被紧紧地捆在一起，插在地上。有的柱体高达数十米，远远望去，气势十分雄伟。玄武岩是分布最广的一种火山岩。中国的峨眉山、五大连池及印度德干高原、英国北爱尔兰"巨人之路"等都是由玄武岩组成的。在约占地球表面积 70% 的海洋中，洋底几乎全由玄武岩构成。人们利用玄武岩的柱状裂隙进行开采，方便快捷，所以它们常被用来作桥基、房基等建筑材料和良好的水泥原材料。20 世纪 80 年代初，诞生了用玄武岩、凝灰岩等石头制造的纸，这种纸不怕水、不怕火、不发霉，又十分耐磨，有"最佳纸张"的美誉。

珍珠岩

珍珠岩是一种具有珍珠光泽和珍珠状球形裂纹的火山喷出岩，主要成分是含有少量水的二氧化硅。当岩浆喷出地表时，由于温度剧降，岩浆急速冷却凝固，其中的水分来不及挥发，就被包含其中。岩石上珍珠状的球

珍珠岩颗粒

形裂纹也是因快速冷凝产生的收缩作用而造成的。珍珠岩经过燃烧热处理后，体积膨胀，内部因失去水分而呈蜂窝状。珍珠岩具有质轻、防潮、隔音、抗冻及耐高温等性能，被广泛用于化工行业和建筑业，尤其是现代高层和超高层建筑。用膨胀珍珠岩制成的抹墙灰砂浆，比一般灰砂浆轻，性能却更为优越。

浮　岩

浮岩又叫"浮石"，是一种能漂浮在水面上的浅灰色火山喷出岩。其组成物质与流纹岩差不多，不过因形成它们的岩浆含的挥发性气体特别多，这些气体在岩浆冷凝过程中挥发逃逸了，所以浮岩的气孔特别多，重量也非常轻。浮岩常常分布在火山口附

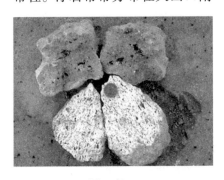

浮　岩

近，与其他火山岩及火山灰共生。除了可作水泥材料外，还能加工成砌块和混凝土的材料，用于墙体、屋面等修筑，既减轻了建筑物的自重，又具有保温、隔音等性能。化学工业中用浮岩作过滤器、干燥剂和催化剂。浮岩还经常出现在澡堂里，成为人们称心的搓脚石。被流水冲刷过的浮岩，犬牙交错，像锯齿，如山峰，也可作为制盆景的假山石材料。

在非洲马里的尼日尔河一带，渔民们利用当地的浮岩制成小渔船，省去了不少木料。这种石船的表面具有很强的耐磨蚀性能，经久耐用。

沉积岩

沉积岩旧称叫"水成岩"，是由松散的沉积物质层层沉积并固结而成的岩石。出露在地球表面的岩石，经过长期的风吹、雨淋、日晒、冰冻以及生物的破坏，逐渐变成了碎块或粉末，它们被流水或风等搬运到湖泊、海洋等低洼地区，随着水流或风力

速度的减小，就停积下来。随着搬运来的物质越积越厚，越压越结实，天长日久便成了坚硬的沉积岩。所以沉积岩的剖面上可以看到很明显的一层叠一层的层理，并且常能发现古生物的遗体。沉积岩在地球表面的分布面积约为 75%，是构成地壳表层的主要岩石。沉积岩种类很多，常见的如烧石灰用的石灰岩、磨刀用的砂岩等。此外，还有颗粒很粗的砾岩和颗粒很细的黏土岩，以及可以一层层剥开的页岩等。

沉积岩

在山东省临朐沂蒙山区，有一个叫作山旺的山岗，在那里捡的石头，多数都是层层相叠的形状。若用刀片插入层间石缝，小心撬开，便可看到岩页上或烙有轮廓分明的树叶，或凸起扑翅欲飞的昆虫，或嵌着临死挣扎的游鱼等，简直是一部史前生物的"岩书"。据鉴定，这里的岩石至少有 1800 万年历史。1980 年，山旺已被划作国家级古生物化石重点自然保护区。1996 年，山旺古生物化石博物馆建成并投入使用。

山旺化石

石灰岩

石灰岩是一种灰色或灰白色的石灰质沉积岩，主要由方解石微粒组成，常混入黏土等杂质。石灰岩分布的地区原先大多数是海洋，海水中含有碳酸钙的物质逐渐沉淀、固结，就变成了石灰岩。当海底上升为陆地时，石灰岩就暴露于地表了。石灰岩是烧制石灰的主要原料，在冶金、水泥、玻璃、化纤等工业部门也有广泛的用途。

石灰岩

石灰岩硬度不大，很容易遭受破坏。在那些石灰岩分布广、厚度大、质地较纯的地区，常形成形态怪异的石林和华丽神奇的溶洞。因为石灰岩能被含有二氧化碳的水溶解，水又是无缝不钻的，所以石灰岩分布的地区经过长期的雨水或流水的溶解，有的地区变成凹陷，并不断加深，而有的岩石却还巍然耸立着，最终在地面上留下了孤峰残柱般的怪石林。例如，云南路南石林宛如一座宏伟的石雕博物馆，一石一姿，千奇百态，有"沧海卫士""母子偕游""牧童放羊"等形态。有一块石头，像亭亭玉立的少女，传说就是撒尼姑娘阿诗玛变成的。有些石灰岩还会曲曲折折地深入到地下，并在地下不断地被地下水溶解、浸蚀，形成地下溶洞，如浙江桐庐的瑶琳仙境。那些溶洞里有数不清的石笋、钟乳石和石柱，经彩灯一照，一个个如彩云、似莲花，或像各种各样的动物和传说中的人物。身临其境，你会为这大自然的鬼斧神工而惊叹不已！

黏 土

黏土是颗粒极细，与水拌和后具有黏性的土状沉积物，主要由长石等矿物长期风化而成。黏土种类很多，最著名的是高岭石黏土，又叫高岭土，因首先发现于江西景德镇市郊的

浙江桐庐的"瑶琳仙境"

高岭石

高岭村而得名。高岭石黏土化学性质稳定，电绝缘性能良好，加水后黏结力很强，可捏成各种形状而不开裂，干燥后能保持原形；经焙烧还具有岩石般的坚硬性，是一种优良的瓷土。景德镇附近蕴藏着丰富的高岭土矿，用它们制成的瓷器以"白如玉、薄如纸、明如镜、声如磬"的特色而享誉国内外。除此之外，黏土也常被用作塑料制品、造纸、橡胶等工业的主要辅助材料和耐火材料。

海滩岩

海滩岩是一种由沙砾、贝壳和珊瑚等各种海滩碎屑物被碳酸钙胶结而成的岩石。常沿着海岸线断断续续地分布在海滩上有潮水涨落的地带。在一些气候炎热、水蒸发量很大的海区，当出现风暴和海水高潮时，激浪会把各种碎屑物推上海滩，沿海岸线堆积起来。退潮后，堆积物中的海水很快蒸发，并遇到能与它们发生胶结的物质，使原先较松散的岩屑胶结成海滩岩。由于海平面是有升有降的，因此现在发现的海滩岩，有的沉没在海底，犹如一道海底城墙。一个地方，不管它如今是在陆上还是在水中，现在的气候怎样，如果有海滩岩分布，就能证明该地曾处于较干燥炎热的海岸地带。所以，海滩岩对于古气候、古海岸和地壳运动等方面的研究也具有

海滩岩

重要的意义。

变质岩

变质岩是由火成岩或沉积岩在地壳内部经物理、化学条件变化而被"改造"成的岩石。

木心钟乳石

木心钟乳石是一种罕见的特殊洞穴沉积物，发现于桂林漓江风景区冠岩的地下溶洞中。它们是怎样形成的呢？在发生洪水时，水流会携带着一些树枝冲入较大的地下溶洞，洪水退去后，树枝便留在了洞里。若这些洞顶有裂缝，洞顶上的石灰岩被含有二氧化碳的水溶解后，就沿裂缝下渗，滴落到树枝上。由于洞内温度较高，下滴物质中的水分被蒸发，二氧化碳也挥发掉，于是就在树枝上凝结成了方解石。这样日复一日、年复一年，方解石便一圈圈地包围了树枝，形成了木心钟乳石。若把它们切断，能看到当中的树枝保存良好，年轮清晰可数；外面的方解石多数质地纯净，但如果在方解石的生长过程中，每隔一段时间有其他物质成分掺入，这样钟乳石也会显出"年轮"。

球 石

球石是一种颜色多样，有些上面有斑斓花点或条纹的滚圆的岩石。因为其滚圆程度远远超过雨花石，并且还闪烁着珍珠一样的光彩，犹如粒粒珠玑，所以自古就有"珠玑石"的美名。球石主要产在山东半岛北长山岛的半月湾。在那长约2000米的海滩上，遍地都是这种石头。球石的石质是石英岩。在这一带的大小岛屿上，石英岩分布很广，它们有的纯净洁白，有的因含云母、铁等矿物而呈多种颜色。它

球石海滩

们质地非常坚硬，但身上都有许多纵横交错的裂缝，很容易破碎成大大小小的石块。当无数石块被带到地势较低、坡度较缓而又开阔的海滩上时，就经常受到海浪的冲击，不断地在海滩上来回翻滚，加上石块之间硬碰硬地相互撞击、摩擦，于是渐渐被磨去了棱角，继而越滚越圆。据说大约经历了36亿年的浪中磨砺，终于使这一带的多数岛屿上都布满了粒粒球石。由于半月湾的海浪比较大，所以球石的滚圆度最好，从而最为出名。球石是一种高档的装饰石材，远在北宋时期，人们就开始利用它们来作装饰了。山东蓬莱阁和长岛（又称庙岛群岛）上的许多古建筑都用半月湾球石来装点路面，格外地显示出古朴、典雅的风格。

跌跤石

跌跤石顾名思义是一种会使人跌跤的有趣石头。在太行山南端，有一个叫西安里的地方，那里的地面上常常可见一些滚圆的小石头，你一不小心踩上去，就会狠狠地跌一跤。跌跤石是怎么

形成的呢？原来，这个地方的岩石主要是由一种叫葡萄石的矿物组成的。葡萄石常呈葡萄状集合体，硬度较大。含有葡萄石的岩石不断地受到大自然的风吹、雨淋、日晒等影响，随着其他容易被分解、破碎的物质的流失，就"滚"出了较硬的葡萄石小球体——跌跤石。

跌跤石

艾尔斯巨石

艾尔斯巨石是世界上最大的整块巨石。它距地面最高高度达348米，周长约9000米。这块巨石屹立在澳大利亚中部维多利亚大沙漠中。虽然高似山峰，但因为它没有"生根"，未和地壳连在一起，且它的形状和结构与传统的山相差较大，所以不能称山，只能叫石。艾尔斯巨石不但

艾尔斯巨石

因高大而著名，还以它的颜色能一日三变而出众。它在早晨日出后呈棕色，中午日正时为淡棕色、灰色或灰蓝色，傍晚日落中是红色，十分迷人好看，成为沙漠奇观之一。这块石头怎么会变色的呢？经地质学家考察，由于它长期独立在荒漠之中，四周无树遮盖，远处无山挡蔽，荒漠上的风携带着沙子不断地对它进行"打磨抛光"，使它的表面变得又光又滑。太阳光早中晚以不同角度产生不同的光色照射到它，石面就像一面巨大的明镜，反映出色彩的变化。

景文石

景文石是一种石面上有天然生成的风景图案的观赏石，产于安徽省宣州区的华阳山的白云洞风景区。这种石头形状扁圆，很像鹅卵石，有大有小；颜色多为灰白色，石上的图案为红色、棕红色等。由于它们所含的铁质有多有少，极不均匀，常使石面上呈现出奇妙的图案：或山或水，或人或兽，或山与水融为一体，或人与林构成一画，生动逼真，变幻无穷。景文石以独特别致的魅力赢得了鉴赏家、收藏家和旅游产品部门负责人的浓厚兴趣和高度评价。

景文石

斑马石

斑马石是产自于新疆、甘肃和陕西等地的一种彩色岩石。它们的米黄色基底上有紫红色、黑色或灰白色的条带纹理，如同斑马身上的花纹一样，从而得名。斑马石主要由方解石、白云石等浅色矿物组成，呈现出来的就是花色条纹。其中的紫红色条纹是由于上述浅色矿物中含有褐铁矿的缘故。斑马石的石质一般都较为坚硬，能切块、雕刻，还可磨得很光亮，是良好的建筑饰面石和工艺品石料，可做饰面砖、茶几面、台灯座、砚台等。利用它们的天然纹理，雕出的非洲斑马、虎和豹，更有巧夺天工之妙。

斑马石

奇特的岩石地貌

溶　洞

溶洞是因含二氧化碳的流水对石灰岩的溶蚀作用而形成的天然洞穴。在发育较好的溶洞里，常可见到千姿百态、琳琅满目的钟乳石、石笋、石柱、地下河道等。溶洞的大小不一，大的溶洞中有可容纳数千人的高大"厅堂"，一些大的溶洞内，往往有好几个"大厅"。广西桂林的七星岩就有七个"大厅"，最宽处达49米，最高达27米；马来西亚的姆鲁国家公园内有世界上最大的地下溶洞，其面积足有16个足球场大小。如果是地壳间断上升，溶洞也可分层分布。江苏宜兴的善卷洞就分上、中、下三层，此外后面还有一个水洞；美国肯塔基州的猛犸洞，共由255条地下通道组成，全洞共分5层，上、下、左、右均相通，构成一个庞大的岩洞系统；世界上

桂林七星岩

最深的溶洞是位于法国阿尔卑斯山中的让·贝尔纳溶洞，深达1491米。溶洞一般曲折幽深，像一座座扑朔迷离的地下迷宫。由于溶洞形态独特，多被辟为观光旅游区。

钟乳石

钟乳石又叫"石钟乳"，是溶洞顶部向下生长的一种碳酸钙沉积物。在石灰岩溶洞中，当地下水顺着溶洞顶部的裂隙向下渗透下滴时，由于温度和压力的变化，溶于水中的碳酸钙便沉淀下来，开始只是附在洞顶上突起的小小疙瘩，随着沉积物自洞顶向下延伸，下垂的碳酸钙沉淀物的外形就成为钟状或乳房状，好像我们在冬天所见到的屋檐下垂着的冰柱一样。钟乳石一般独立下垂，也有和溶洞洞壁结合为一体的。钟乳石形态各异，有的如宫灯悬挂，有的如飞瀑下泻。目前世界上最长的独立下垂的钟乳石在爱尔兰的波尔洞中，钟乳石下垂的长度达11.6米；而与洞壁相连的最长钟乳石在西班牙的一个溶洞中，其长度有59米。

钟乳石

石　笋

石笋是溶洞底部向上生长的一种碳酸钙沉积物。在石灰岩溶洞中，由于流水对石灰岩的溶蚀，当含有碳酸钙的水滴滴下后，水中的碳酸钙便在洞底逐渐沉淀下来，经过长期的沉积，慢慢地越积越高，好像是从地下冒出来的竹笋一样，以此得名。和钟乳石不同的是，钟乳石向下伸延，而石笋则向上生长，一般是钟乳石和石笋上下相对地分布，一个挂在洞顶，一个矗立于地表。目前世界上最大的石笋高达63.2米，底宽134米，位于古巴的马丁山洞中，当来到山洞前，就可看到山洞里的红色庞然大物。

石　柱

石柱是溶洞中由于碳酸钙沉积而形成的柱子。洞中先有了钟乳石和石笋，它们一般上下对应着，随着不断地沉积，钟乳石越伸越长，石笋越长越高，最后便连在一起，形成石柱。石柱在洞

石　柱

中"顶天立地"，像是支撑着大厦的顶梁柱，碳酸钙在石柱表面形成各种各样的形状或纹路，像是在柱子表面雕琢出的奇花异草、飞禽走兽等。它们错落分布在溶洞中，使本来就奇特的深洞，变得更加变幻莫测。江苏宜兴善卷洞洞口有一石柱叫砥柱央，像是擎天柱支撑着洞顶，洞中还有一石柱，表面像是熊猫在爬树，栩栩如生，憨态可掬。贵州镇宁犀牛洞内有一石柱高达约30米，高耸挺拔，令人赞叹不已。

石 林

石林是陡峭的石峰林立在地表的一种喀斯特地貌。石灰岩地层由于受地壳运动等影响，产生了不少裂缝，当含酸的水渗入这些裂缝后，通过溶蚀等作用，使裂缝不断扩大而成为沟、谷，随着溶蚀作用的继续扩大，裂缝之间只留下陡峭的岩石，这样，便形成了石林。最著名的石林是中国云南路南石林，这里一峰一姿、一石一态，显得神奇美妙，变幻万千：有的酷似飞禽走兽，如"双鸟渡食""凤凰梳翅"；有的似危岩欲坠，令胆小的游客不敢迈步，如"千钧一发"；而最有名的是身背背箩、亭亭玉立

石 林

的撒尼族姑娘阿诗玛。无数游人被路南石林的神奇壮观所倾倒，把它誉为"天下第一奇观"。

峰 林

峰林是指在石灰岩广泛分布的地区，因流水长期的溶蚀、侵蚀等作用，不断分割地表而形成的一系列奇特而挺拔的山峰。峰林的坡度较陡，其规模要比石林大，高度可超过100米，山体内部常有溶洞、地下河等，主要发育在热带和亚热带季风区的石灰岩分布地区。峰林的山峰形态奇特而俊美，生动有趣，在中国以广西的桂林—阳朔一带，湖南张家界的武陵源以及贵州的万峰林发育最为典型。如桂林—阳朔一带：独秀峰平地拔起，巍巍如"南天一柱"；伏波山卧伏江边，大有回澜伏波之势；七星山七峰连绵，宛如苍穹七斗；叠彩山如彩锦堆叠，翠屏相间；象鼻山酷似巨象在饱饮江水；骆驼山则如

长途跋涉的骆驼在途中小憩；望郎山形如昂首盼郎远归的少妇；"九马画山"正看如九马嬉戏，侧看则像伏枥老骥……真是美不胜收，给人以遐想，给人以美的享受。

天生桥

天生桥也叫"天然桥"，是两端与地面连接，中间悬空如桥一样的地貌。在石灰岩分布地区常常可以看到，主要是地下溶洞或地下河的顶部两侧岩石发生崩塌，中间残留部分出露地表而成。其他则是在黄土分布地区或海滨地区，由于岩石受流水或海水的侵蚀而成的。

美国西部的科罗拉多高原上有一座庞大的天生桥，它高出水面94米多，桥顶厚13米，桥面宽6.7～10米，像彩虹横卧在河上，甚为壮观。中国贵州省黎平县的一座天生桥长达256米，比原先吉尼斯世界纪录认定的最长的天生桥——美国犹他州的"风景拱门"桥还长，成为目前世界上最长的天生桥，获得了"吉尼斯世界之最"证书。

贵州黎平县天生桥

第五章　奇山异石

砂岩与名胜

砂　岩

沿着河西走廊由东向西行，一片片戈壁沙丘连绵起伏，看不到头。从乌鞘岭到玉门关，东西长约 1000 千米，南北最宽处近 200 米的河西走廊，北边紧靠着腾格里大沙漠、巴丹吉林大沙漠，西南临塔克拉玛干大沙漠。真是"登高远望一片沙，大风一起不见家""今夜不知宿何处，平沙万里绝人烟。"

在黄海之滨的青岛，夏天的阳光照耀在宽广的沙滩上，晶莹的砂粒闪烁着亮光。人们躺在沙滩上，沐浴在阳光下，多么惬意啊！

可是，你是否想过，坚硬的砂岩就是由这些松散的沙子组成的。沙子的主要成分是石英，还有长石、云母及一些岩石碎屑等。

岩石学上把直径大于 2 毫米的碎石或卵石称为角砾或砾。这些棱角状的石子或卵圆状的石子被泥土、钙质或其他物质胶结起来，就叫作角砾岩或砾岩；把直径在 $0.0625 \sim 2$ 毫米的沉积颗粒叫作砂。砂被胶结起来且变得坚硬了，这就是砂岩。根据砂岩所含石英、长石和岩石碎屑的相对比例，可进一步划分成石英砂岩、长石砂岩或岩屑砂岩。

砂岩有许多特征可以反映沉积环境。沙子的磨圆程度可以反映砂粒搬运的路程的远近。沙子颗粒大小的均匀程度可以反映沙子分选性的好坏，像青岛海滨浴场的沙滩就是分选性很好的沙。砂岩的颜色可以反映沉积时的古气候。砂岩层面上的各种波痕是河浪、海浪等留下的痕迹。各种层理可以反映当时的海洋、河流、湖泊等的水流速度和水流方向。

沙和砂岩有重要的经济价值。砂岩是制造人造金刚石、硅砖和玻璃等的原料，也是重要的建筑材料。海绿石砂岩可做钾肥。由砂岩所造就的许多奇山怪石，已经成为游览的胜地。

燕子矶

长江中下游两岸，砾岩、砂岩裸露，矗立江边，悬崖峭壁，突出江中。人们素来将水边突出的岩石或石滩称为"矶"。以矶命名的临江悬崖有很多，如火烧赤壁的赤壁，称为赤壁矶；武昌的蛇山，称为黄鹄矶；还有湖南岳阳的城陵矶，安徽芜湖的螃蟹矶，马鞍山的采石矶，南京的三山矶、燕子矶等。

江苏南京幕府山东北角的观音门外、长江的南岸，有一座三面临水的小山，海拔 36 米，临江一面陡峭如削，挺拔秀丽，壁立江上，仿佛一只"凌江欲飞"的矫燕，人们称它为"燕子矶"。有人形容它是"一石吐红渍，三面悬绝，势欲飞去"，登矶远眺，"白云扫空，晴波漾碧，西眺荆楚，东望海门"，"春夏水涨，浪涛轰鸣于足下"，颇为壮观。

燕子矶自古是南北往来的重

南京燕子矶

要渡口。相传明太祖朱元璋和清朝的乾隆皇帝都是从这里过江到南京的。现在矶头上还有一座碑亭，上有乾隆 1751 年亲笔手书的"燕子矶"三个大字和诗数首，其中一首写道："当年闻说绕江澜，撼地洪涛足下看。却喜涨沙成绿野，烟村耕凿久相安。"从燕子矶向西南望，就是风景幽美的幕府山。

燕子矶的形成与岩石的性质和岩石的断层密切相关，与流水的冲刷也不无关系。燕子矶由晚白垩世的红色砾岩和砂岩组成。岩石抵抗风化的能力较强，虽然千百万年来，长期受到长江流水的冲击，但今天仍然屹立江边。燕子矶的形成，除岩石性质这个重要因素外，还有"合作者"的帮助。今日长江流经之处，都是当年岩石的断裂破碎带。由于河水下降，两岸一度形成悬崖陡壁。因矶附近的岩石裂隙发育，把岩石切割成支离破碎的岩块，流水沿着裂隙侵蚀、冲刷，久而久之就变成平坦的河岸了。而矶台的岩石裂隙很少，岩石坚硬，流水无隙可乘，侵蚀力量比较薄弱，因此形成突出的小山，峭立于大江边上，燕子矶就是这样形成的。

峡谷明珠

在美国西部，有许多宏伟壮丽的大自然奇观，已被人们开辟为自然公园。其中以科罗拉多大峡谷和纪念碑谷、石化森林较为著名，它们以大自然的奇伟雄姿吸引着那些酷爱大自然的人们。

在约 34 万平方千米的科罗拉多高原上，近于水平的砂岩被一条条河流切割成了许多峭壁耸奇的峡谷。塞昂国家公园里有蜿蜒的河流穿越，河流两岸绝壁如削，峭壁多由坚硬的红色和青白色砂岩组成。岩石上巨大的交错层理组成一幅幅奇绝的图案。

科罗拉多大峡谷的形成是由于科罗拉多河长期侵蚀的结果。峡谷的崖壁展示了其岩层年代的巨大跨度，从古老的古生代到较近的新生代，各个时期的地层都清晰可见。这些岩层中蕴含了各地质时代最具代表性的生物化石，它们层次分明、色彩斑斓，为人们理解地球的地质演变提供了丰富的证据。正因如此，科罗拉多大峡谷被赞誉为一部真实生动的"地质百科全书"。

科罗拉多大峡谷

当走进大峡谷，你会发现高原顶面上覆盖着约2.5亿年前形成的凯巴布石灰岩，这片岩石记录了浅海和海岸线的变迁，其中还隐藏着贝壳、海绵和珊瑚等海洋生物的痕迹。随着视线向下，你会看到岩层逐渐变得古老，直至谷底的毗湿奴片岩，这些岩石形成于17亿—20亿年前，主要由变质岩和熔岩构成。

这些岩石的形成环境也各不相同，有的是在温暖的浅海、海滩或沼泽中沉积而成，反映了北美大陆海岸线的变迁；有的则是在沙漠中以沙丘的形式沉积，揭示了当时气候的干燥。这种多样性不仅展示了环境的差异，也反映了北美大陆气候的变迁。

纪念碑谷却是另一番景色。公园里面散布着许多大小不等的平顶桌状残山，其间点缀着丛丛绿树和棕黄色的沙丘，还有许多奇形怪状的石柱，风景十分绮丽。砖红色的砂岩及砂页岩交错构成了桌状山，山下分布着许多石蘑菇和石桌。从山上掉下来的

两州交界处的纪念碑谷

第五章 奇山异石

千钧巨石，都巧妙地落在砂页岩组成的细小基座上，好似风吹欲倒，但实际却稳如泰山，一动不动。

亚利桑那州的"石化森林"也引人入胜。在色彩斑斓的山谷中，一段段"树木"、一块块"劈柴"在阳光下闪闪发光。仔细看，那些古老的树木已经变成彩色的"化石"，形成了硅化木。硅化木的形成，与植物体被矿物质液体浸泡有关。当植物体被含有适当浓度的二氧化硅水溶液所包围，这些二氧化硅渗透进植物体内，然后在细胞的空腔和间隙中沉淀，将植物组织保存下来，最终形成硅化木。硅化木的形成环境主要分为两种：原地埋藏型和异地埋藏型。原地埋藏型硅化木在全球各地都有分布，通常是由于植物体在生长过程中遭遇灾难性事件，如火山喷发，导致其被掩埋，随后形成硅化木，并保存在其原始生长地点。而异地埋藏型硅化木则是植物体被流水或其他介质搬运，远离其生长地形成硅化木。

丹霞山

广东省仁化县境内的丹霞山是省内四大名山之一。丹霞山南距县城不到 10 千米，是粤北茫茫群山中一簇峻秀的峰林，主峰长老峰是全山的中心，由宝珠峰、海螺峰相簇拥，形成三级绝壁和三级崖坎的赤壁丹霞景观层次。丹霞山的周围有巍峨的僧帽峰、擎天的蜡烛峰、铜鼓寨、蹒跚的"群象"和茶壶峰等，异常壮美秀丽。山中别传禅寺已有 300 余年历史，由明末澹归禅师

广东丹霞山

辟建，成为明末遗民的"世外桃源"。

在丹霞山上，一座座"断壁残垣"、一根根擎天巨柱、一簇簇朱石蘑菇拔地而起，犹如列峰排空，巍峨雄奇。远眺丹霞诸峰，群峰如簪，玲珑剔透，精巧多姿。这些都是砂岩被溶蚀的标准地形。1928年，地质学家冯景兰先生在粤北一带做地质调查时，将形成丹霞地貌的红色砂砾岩层命名为"丹霞层"。1939年，地质学家陈国达正式使用"丹霞地貌"这一术语。

雨花石

相传，在南朝梁代（502—557年），有位云光法师在今天南京中华门以南约1千米的小山丘上讲经，因内容十分精彩而感动了佛祖，顷刻间天降雨花，落地成石。自此以后，这一带的平台状小山丘就取名叫雨花台。小山丘上所产的花纹美丽、颜色鲜艳的鹅卵石，被称作雨花石。凡是到过雨花台的人，都要拾一些圆滑而色泽晶莹、花纹漂亮的雨花石回去，放在碗中或盆子里，用水浸泡，使它们显示出更绚丽的色彩、更美丽的花纹。中华人民共和国成立前，雨花台是反动派屠杀革命党人和爱国志士的刑场，山岗上的寸草块石都染有烈士的血迹。今天，人们喜欢雨花石，也有缅怀革命先烈之意。

实际上雨花石不是天上"落花如雨"的仙石，而是地面上一些坚硬的普通顽石。雨花石的化学成分主要是二氧化硅，由石英砂岩、石英岩、硅质岩和火山岩等坚硬的岩石和石英、玉髓、蛋白石、燧石等硅质矿物所组成。

南京雨花台烈士陵园

颜色白如玉的雨花石为石英岩或矿物石英；红色的雨花石是含有铁质的石英岩；黑色的雨花石是燧石，用锤子敲击时可冒火花，在黑色燧石上可划出金属的条痕，用来鉴定金银，俗称试金石；翠绿色和蓝色的雨花石是含有铜矿物的硅质岩；紫色的雨花石含锰；黄色半透明的雨花石叫石髓，是一种胶体二氧化硅；同心圆状的雨花石称为玛瑙。

雨花石是一种砾石，它的磨圆和光滑程度都很好。雨花石呈层状分布在雨花台的山丘上，并有一定层位，这一层位叫作"雨花台砾石层"，有10多米厚。

近半个世纪以来，雨花石的成因一直是人们所关注的问题。

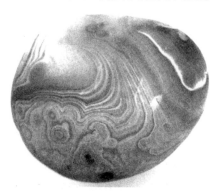

雨花石

在距今1200万—300万年前，地质时代属第三纪晚期、第四纪早期，古长江及其支流的水，将上游和周围山上的岩石碎块向下游搬运，在长途旅行中，石块和石块互相摩擦，石块与河床或两岸摩擦，形成圆形或扁圆形的鹅卵石。那些硬度小的岩块被磨成沙子或粉末。石英岩类的石块坚硬、耐磨，成为砾石。大量的砾石和砂子在地形变缓、水流速度变小的地方，就成层堆积下来，形成砾石层或砂砾层。

雨花石的来源比较复杂，它们来自沉积石英砂岩、硅质岩、沉积石英岩、变质石英岩和火山岩（如玛瑙和碧玉）等。

黑色雨花石是很好的试金石，石英质的雨花石可作工业上的研磨材料，玛瑙质的雨花石是工艺美术原料。

金鸡石

金鸡石位于广东省乐昌市坪石镇的金鸡岭上，是广东八大名景之一。岭上金鸡石惟妙惟肖，闻名中外。金鸡岭上除金鸡石

金鸡岭

外，还有"瑞霄泉""一字峰""点将台""练兵场"等名胜古迹。

由红色钙质砂岩、红色砂质页岩及红色含砾砂岩组成的"金鸡"，身长20.80米，高8.40米，宽3.80米，可谓天下最大的"雄鸡"了。"金鸡"全身"羽毛"通红，"鸡头"向北，"鸡尾"朝南，雄伟壮观，形象逼真。

金鸡石

金鸡石是大自然的杰作，也将被大自然所毁灭。科学家预言，它的寿命只有4200年左右。因为自然界中万物都处于不断的变化和发展中。若每年金鸡石所受到的风化速度以垂直速度计算为0.2厘米的话，"鸡头"的高度为2.60米，只能保存1300年，"鸡身"的高度为8.40米，也只能保存4200年。所以，几千年后，"金鸡"将不翼而飞。到那时，将是"'金鸡'知何去？剩有游人处"的景象了。

石灰岩与石林洞天

石灰岩

在碳酸盐岩家族中，人们经常见到的是石灰岩和白云岩"两兄弟"，它们几乎占沉积岩总体积的7.7%。石灰岩分布广泛，在各地质时期都有碳酸盐岩生成。石灰岩是保存古生物化石最好的"博物馆"，地质学家可以借助保存在地层中的古生物化石，考查生物的历史发展情况。

石灰岩类能溶解于水。特别是在富含二氧化碳的水溶液的长期作用下，生成碳酸氢钙，完全溶于水并随水流失。其化学反应式如下：

$$CaCO_3 + H_2O + CO_2 = Ca(HCO_3)_2$$

这种化学反应如果发生在热带或亚热带地区，会进行得更快、更完全。许多景色绮丽的奇峰异洞，如云南的路南石林、广西桂林—阳朔一带的溶洞和溶蚀地形等，都是这样形成的。然而，石林和岩洞的成因也不尽是岩溶成因的，有的是砂岩、砾岩类的淋蚀石林和岩洞。

路南石林

在云南省石林彝族自治县境内，有一个由石灰岩构成的石林，人们称之为路南石林。石林的面积广大，约3万公顷。远眺石林，灰岩峥嵘，奇石点点，星罗棋布于阡陌田畴中。在"林区"内，在巉（chán）岩怪石中最大的一块石壁上，刻有斗大朱红色的隶书"石林"二字。举目四望，奇峰林立，千姿百态，如笋似柱，若塔若蘑菇，石柱高的有20~40米，矮的有5~10米；有的孤峰高耸，有的众柱成群，重重叠叠，丛丛簇簇，石峰如林。石峰之间，深狭的溶沟呈蜿蜒回廊，晶莹的溶蚀湖和迷宫般的地下溶洞十分瑰丽。其中以阿诗玛、观音石、望夫石、莲花峰、剑峰池和望峰亭等处风景最佳。

20世纪80年代初，在路南石林东北方向约20千米处，发现了一个石林新秀，比路南石林更加壮丽奇特。区内石柱多呈蘑菇状，远眺犹如灵芝丛生，人们称它为"灵芝林"。灵芝林耸立在一个巨大的浅碟形溶蚀洼地中央。石柱平均高约10米，最高的达40多米，形态多姿，似禽似兽，栩栩如生。林区内陡壁如削，峡谷幽涧，深邃曲折，还有两个通往地下的溶洞口，洞中水流潺潺，四季常盈，洞内石笋、钟乳石、石柱琳琅满目，洞长3000米，时宽时窄，曲折相通。

桂林山水甲天下

以山水风光著称的桂林——阳朔一带，是一种石灰岩岩溶发育的峰林谷地和孤峰平原地形，是亚热带岩溶地形的典型代表。它的地形具有以下特点：在平坦的大地上和大江岸边，一座座山峰拔地而起，危峰兀立，各不相连，如桂林市中心的独秀峰，奇峰突起，岿然独立，犹如一支擎天巨柱，其上题有"南天一柱"四个大字；有的山峰又相依成簇，奇峰罗列，形态万千，如七星岩有七座山峰相连，犹如北斗七星；有的山峰连绵成片，远远看去，好似千重剑戟，指向碧空，大有"欲与天公试比高"之势。

桂林山水的另一个特点是在石山腹内遍布着迷宫仙境般的岩溶洞穴，有人用"无山不洞、无洞不奇"来形容溶洞的众多和变化无穷。实际上，这里不仅山山有洞，而且从山脚到山顶溶洞遍布，犹如层层楼阁。桂林市的叠彩山、斗鸡山、象鼻山等，不仅形态奇特，而且其中的溶洞也各具特色。溶洞中钟乳石、石笋千姿百态。古今游人根据其形态，

独秀峰

象鼻山

起了许多有趣的名字，流传了许多神话故事。如"对歌台""仙人晒网""银河鹊桥""叶公好龙""望夫石""九马画山""还珠洞""孔雀开屏"等。举世闻名的七星岩和芦笛岩就是这种溶洞的典型代表。

芦笛岩

桂林—阳朔一带的山水、岩洞之娟秀，自古以来就吸引着远近的游人。从古至今，人们在岩石和溶洞的洞壁上刻了大量的题

桂林—阳朔一带的山水风光

词、诗歌、散文和雕像。其内容不仅有对大好河山的赞颂，还记载了许多宝贵的史实。它们是我国文化艺术中的珍品。

那么，桂林—阳朔一带怎么会形成奇特的岩溶地形呢？原来，远在距今2.3亿年前，广西全境曾是一片汪洋大海。在广阔的海洋中，沉积了厚厚的以石灰岩为主的碳酸盐岩层，为岩溶地形准备了物质基础。直到1.8亿年前，此区地壳大面积抬升成为陆地，石灰岩暴露于地表。湿热的气候环境，使石灰岩遭受强烈的剥蚀和岩溶作用。之后，广西全境地壳强烈运动，岩石普遍发生褶皱和断裂，为岩溶作用向岩体深部发展创造了有利条件。再后来，此区域内地壳缓慢上升，就使垂直方向的岩溶速度大于水平方向的岩溶速度，从而发育了许多深邃的小洼地。因此，广西盆地的点点孤峰、美丽的峰林、岩溶平原和大面积的峰丛洼地的形成，除与地壳运动、湿热的古气候、地下水和地表水的侵蚀作用有关以外，主要与石灰岩易于溶解的性质有关。

"桂林山水甲天下"出于南宋王正功的笔下，而"桂林山水甲天下"的成文，还有个历史发展过程。早期赞美桂林山水的文字有南北朝宋文帝元嘉初年（424年）诗人颜延之写的"未若独秀者，峨峨郛邑间"。这只是着眼于独秀峰，笔触很窄。唐代杜甫的"宜人独桂林"，一个"独"字已把桂林与外地做了比较。宋代嘉祐七年（1062年），广西转运使李师中说："桂林天下之胜，处兹山水……"第一次在"天下"的范围内评说桂林。此后，类似这样的说法逐渐增多。如张洵的"桂林山水冠衡湘"，邓公衍的"桂林岩洞冠天下"，张孝祥的"桂林山水之胜甲东南"等。特别是到了南宋乾道、淳熙年间，曾任桂林地方官的杰出政治家和诗人范成大，写下了"桂山之奇，宜为天下第一"的赞语，把对桂林山水的评价提高到了一个新的高度。到南宋末年，李曾伯在《重修湘南楼记》中就直书"桂林山川甲天下"了。后来，金武祥在此句后加了一句"阳朔山水甲桂林"。近代，许多读物和教材引用此句均源出于此。实际上，历来都有人持不同看法。他们认为，桂林和阳朔的山水风光格调相同，是一幅完整的画卷，没有必要把它们分割开来。陈毅同志曾说"桂林阳朔不可分，妄为甲乙近愚庸"。

太湖石及其他假山石

我国南方的园林胜景，在国内外都享有盛名。但任何园林，要叠置别致的假山都少不了采用太湖石。人们欣赏太湖石，仿佛是在观看一幅清奇淡雅的水墨画。北京颐和园的乐寿堂前院里摆着一块约30吨重的太湖石，名叫"青芝岫"。这块巨石原是明朝大臣米万忠准备从当时的房山县运到勺园。由于石头太大，花费了大量财力也无法运回，此事便半途而废了。所以当时人们又把这块石头叫作"败家石"。清朝乾隆年间,皇室发现此石后,才搬到颐和园内。乾隆皇帝将其赐名为"青芝岫",又挥笔题写了"神瑛""玉秀"四个大字,还写了一首《青芝岫》诗来赞诵这块太湖石。

青芝岫

远在唐代,太湖石就被用来叠砌假山,美化环境。到了宋代,统治阶级大建园林,太湖石的需要量日益增加。宋徽宗宣和五年(1123年),苏州朱勔等人,为迎合宋徽宗所好,搜奇拣异名花怪石,并动用大批船只搬运,10艘船组成一"纲",号称"花石纲"。

此外,苏州留园的"冠云峰",南京瞻园的"仙人峰",上海豫园的"玉玲珑"和杭州的"瑞云峰",都是宋朝"花石纲"的一部分遗物。其中,苏州留园的"冠云峰"高约6.5米,被誉为园林湖石之秀。

20世纪80年代,中国园林建筑师为美国纽约大都会艺术博物馆修建了一座仿造苏州网师园的"殿春簃"的庭院,并命名为"明轩",因此,太湖石远渡重洋,蜚声海外。

太湖石是一种被溶蚀后的石灰岩,北方的房山等地也有产出,但以长江三角洲太湖附近的岩石为最佳,故得名太湖石。这些石灰岩经长期风吹雨淋,以及太湖水的浪打波击,它们的节理经溶蚀扩大,相邻沟壑逐渐形成洞穴。所以太湖石有"漏""瘦""透""皱"四大特色。

南方太湖石的颜色呈灰白色或铁灰色,多孔而且含有砾石等特点。北方房山的太湖石颜色灰中泛黑,孔少且大,形态突兀、挺拔,别具风格,如颐和园里的青芝岫。南方和北方太湖石的差异,主要在于南方气温高、降雨多,水系发达,溶蚀现象普遍,甚至在溶蚀的同时，一部分小砾石又被碳酸钙溶液胶结起来，形成多孔而且含砾的太湖石。

太湖石

具有太湖石外貌"漏""瘦""透""皱"特点的岩石，除石灰岩外，还有白云岩。但因白云岩的化学成分是碳酸钙和碳酸镁，其溶蚀程度不如石灰岩。工艺师如能把白云岩与典型的太湖石搭配使用，园林将同样能获得美观、大方、玲珑剔透、柔曲圆润的效果。

园林建设中的石材，除太湖石外，常见的假山石还有石笋、黄石、宣石、板岩和千枚岩等。用它们叠石造山，与树木花草、碧波流水、亭台廊榭相衬，可以达到艺术美与天然美融为一体、一步一景的效果。下面就来谈谈假山石吧！

1. 石笋。造山用的石笋，不是石灰岩溶洞里的岩溶石笋，而是具有瘤状的泥质结核的石灰岩。这种岩石常呈狭长的柱状，表面具有圆形的瘤或小孔空洞，颜色有浅紫色、灰绿色、灰黄色等。如果把它们竖放在翠竹林中，能构成一幅绚丽的景色。

瘤状泥质结核灰岩是在海水动荡的浅海环境中形成的。瘤是由泥质聚合形成的结核，被碳酸钙等沉积包裹后形成岩石。当岩石暴露在地表，经风化、剥蚀时，由于泥质成分的瘤与周围碳酸钙成分的岩石抵抗风化的能力不同，最后就形成了瘤突出在碳酸岩外或泥瘤脱落成空洞的形态，从而成为园林建设中的珍奇石材。

2. 黄石。这是一种色艳质

坚的石英砂岩石。苏州耦园的假山和上海豫园的假山就采用了黄石。用黄石造成的假山气势雄伟、浑厚古朴。

石英砂岩由石英、长石和少量的云母片组成，是一种分布相当广泛的沉积岩。石英砂岩在风化前是白色的；风化后，由于它们含有少量铁质，铁质氧化使岩石染成黄色；如果氧化充分，岩石还会呈现棕红色、紫色等。红、棕、黄、紫各色岩石经过艺术家的修饰和巧妙的叠垒，衬以绿树芳草，如画美景就跃然眼前了。在扬州个园，由艺术家设计堆砌的"四时山景"中的秋山一景，就是用黄石叠成的。黄棕色的奇异假山，衬上几树红枫，即勾画出"万山红遍，层林尽染"的秋景来。

3. 宣石。宣石在地质学上称作脉石英，质地坚硬，因产于安徽省宣城市宣州区，所以叫作宣石。扬州个园内"四时山景"中的冬山一景，就是用宣石砌成的。白色的假山，象征着"千里冰封，万里雪飘"的冬景。

宣石的化学成分为二氧化硅，矿物成分为石英。它们是由地壳深处含硅的热水溶液，随着地壳运动沿着裂隙上升冷却结晶形成的。

4. 板岩和千枚岩。它们都是盆景石料。在盛满清水的花盆里，用板岩或千枚岩做成假山，山上植以青松、藤蔓，假山倒映在水中，交相辉映，既有漓江风景之妙，又得黄山云海之秀，真是美不胜收。

有的园林用板岩或千枚岩做假山造型也很优美。特别是在具有"小桥""流水""人家"的园林一角，沿岸用板岩和千枚岩造成假山，就会取得以假乱真的效果。

板岩和千枚岩都是变质岩，是由黏土岩或页岩类的岩石经区域变质作用形成的。所以，板岩和千枚岩比较坚硬，成板状，板面上有许多云母小片，发出耀眼的丝绢光泽，颜色有浅灰色、深灰色、灰紫色等，色泽很像皎洁的月色或破晓的晨光。

板岩和千枚岩在我国分布

广、产量多，五台山、大别山、泰山、秦岭、湘西、赣北、皖南、辽东半岛、吉林等地都易采到。

在叠石造山的园林建设中，有不少地区因地制宜，就地取材，选取了各种火山岩当假山石。那些灰色、紫色、黑色的有许多大大小小气孔的火山岩及气孔中充填了硅质而形成的杏仁石，都是很好的假山石。

洞穴的奥秘

洞穴是大自然创造的美丽而奇妙的景观，它们既是一种宝贵的自然资源，又是重要的科学研究对象。就洞穴的成因来说，有流水冲刷岩石而成的；有流动的火山熔岩因内外温差形成的；有石灰岩、白云岩、石膏等可溶性岩石经水溶蚀而成的……但是绝大多数洞穴是石灰岩类的岩溶洞穴。

我国是一个多洞穴的国家，许多洞穴都已被陆续发现、开发利用，如江苏宜兴张公洞、善卷洞、灵谷洞；浙江桐庐瑶琳仙境和建德灵栖洞；江西彭泽龙宫洞和广昌龙凤岩；广东阳春凌霄岩；福建将乐玉华洞；四川兴文石林的溶洞和通江诺水溶洞等，它们大部分都是石灰岩溶洞洞穴。

有的洞穴中生长着光彩夺目、晶莹剔透的矿物、钟乳石和石笋，它们千姿百态，变化万千，像人像物，似龙似凤，似田园诗画，伴以潺潺水声，游览其间，好像跻身于神仙美境。

有的洞穴中埋藏着人类祖先的遗骨和遗物。如我国的北京猿人、马坝人、柳江人、山顶洞人和甑（zèng）皮岩人等人类化石，都是在岩溶洞穴内发现的。某些洞穴内还保存有人类最早的文化艺术作品——完整的洞穴壁画、浅浮雕、雕刻。所以洞穴也是古人类学、古生物学和考古学研究的主要对象之一。

洞穴沉积物的生长速度测定是地质工作者或洞穴工作者研究的内容之一。石灰岩岩溶洞穴内，生长着绚丽多姿的钟乳石和石笋，它们现在正以缓慢的、不易察觉的速度生长着。比如，每一千年钟乳石增长 1～20 厘米，这个速度在地质历史上是很惊人的。洞穴内钟乳石的生长速度是如何测定的呢？目前除了对钟乳石、石笋等的长度进行定期测量外，还有用历史的方法计算和用放射性同位素"C"法测定。

历史的方法：从某一历史事件到现在，用有关的沉积物生长的长度或厚度除以时间，就是沉积物的生长速度。举例说明如下：桂林七星岩公园龙隐洞壁上有一块石刻，是宋朝张敏中、张定叟等 13 人的题名，距今约 800 多年了。在石刻的石面上垂下一个长 1.6 米的钟乳石，用 1.6 米除以 800 年，算出钟乳石的生长速度是 2 毫米/年。再如，1852年，太平军到达桂林时建的一堵墙，距今已有 170 多年了，有一处墙上，由洞穴顶上滴下含碳酸钙的水溶液，在墙上凝结成为石灰华，最厚处达 0.5 米，由此可见，石灰华的生长速度约为 2.94 毫米/年。

在同位素年龄测定方法中，一般采用碳 14 法来测定洞穴沉积物的生长速度。从洞穴滴水中析出的含碳 14 的碳酸钙沉积物，从它们结晶之后，便停止与外界的同位素交换，放射性碳 14 即按指数规律减少。因此只要测出样品中的碳 14 残余含量，利用碳 14 的半衰期是 5730 年，就能计算出该沉积物的碳 14 的年龄。据计算，桂林市南郊甑皮岩洞穴内的钟乳石、石笋和石灰华的生长速度分别为 0.011 毫米/年、0.05 毫米/年和 0.133 毫米/年。

花岗岩的绝景

花岗岩的形成

花岗岩是大陆地壳上分布最广的岩石之一。它们有时呈巨大的岩体出现。如我国云南个旧市的一块花岗岩的岩体出露面积达几万平方千米。有时大大小小的岩体沿一定方向排列，呈岩带出现。如我国东南沿海和东北兴安岭、长白山一带，花岗岩成群出露，其总面积达数万平方千米；

有的花岗岩体只在地面上露出个头，而大部分还深深地埋藏在地下。

由于地质构造运动，一些花岗岩体被抬升上来，其中有些花岗岩体构成了巨大的山系，再经断裂破坏、流水的切割等大自然的雕琢，使花岗岩形成了陡崖峭壁。

花岗岩是怎样形成的呢？目前众说纷纭。20世纪初期，人们大都认为花岗岩是地下深处的玄武岩浆分异而成的。即地壳深处有一个全球性的岩浆层，成分相当于玄武岩。当岩浆受挤压向上侵入的时候，随着温度的降低而结晶。最先结晶的是暗色的辉长岩，然后依次是闪长岩和花岗岩。这种学说被称为一元论。后来发现这个理论与一些地质现象相矛盾，于是又提出了多元论，认为地壳深处存在着多种岩浆，如玄武岩浆、花岗岩浆等，花岗岩由花岗岩

浆冷凝结晶而成。随着科学的发展，又有人认为花岗岩是地壳岩石经过花岗岩化变质形成的，这个观点已得到了越来越多人的支持。

华山天下险

在陕西省中部，渭河平原之上，华阴市境内的白云生处，一峰挺立，直插云霄，危崖绝壁，峡谷深邃。这座雄伟壮丽的大山，就是举世闻名的华山。

自古道"峨眉天下秀，华山天下险"。唐代诗人杜甫在《望岳》三首其二中写道："西岳崚嶒竦处尊，诸峰罗立如儿孙。安得仙人九节杖，拄到玉女洗头

华　山

盆。"诗中"崚嶒竦处尊"既道出了华山陡峻峭险的可畏，又说出了攀登的困难，只有得到"仙人九节杖"，才能挂到"玉女洗头盆"的玉女峰。

华山顶峰由西峰、南峰、中峰、东峰和北峰组合而成。山上奇峰林立，峰峦高耸，悬崖峭壁，孤峰脊岭，山势挺拔险峻，构成了"斧劈石""玉女洗头盆""二十八宿潭"和"回心石"等众多名胜古迹。诗人李白在他的《西岳云台歌送丹丘子》中写道："西岳峥嵘何壮哉！黄河如丝天际来。""巨灵咆哮擘两山，洪波喷箭射东海。三峰却立如欲摧，翠崖丹谷高掌开。"不但描绘了华山的险峻峥嵘，而且还引出了令人深思的"巨灵擘山"的故事来。

《水经注》中写道："河神巨灵，手荡脚踏，开而为两。今掌足之迹，仍存华岩。"故事是说，原来首阳山和华山是连在一起的，是黄河之神巨灵脚踏首阳山，为了治水，用手掌将华山一分为二，让黄河从中流过，归入东海。奇妙的是巨灵的掌迹尚留在华山东峰的岩壁上，巨灵的脚印留在首阳山山底。"巨灵擘山"的故事是古人的一种想象。那么，华山究竟是怎样形成的呢？我们还得从组成华山的岩石说起。

华山又叫小秦岭，是由花岗岩组成的山。它四周的山岭是由古老的变质岩组成的。大约距今7000万年前，在地质时代的白垩纪，地壳发生过强烈运动，花岗岩侵入，形成华山的花岗岩岩体就是这次侵入形成的一个岩株。岩株是一种岩体，其立体形态像树干，在平面上呈椭圆状。华山岩株东西长15千米，南北宽约10千米，面积约150平方千米。后来，华山几经上升，而北麓又多次下陷，这样华山岩体就暴露于地表，经受水的冲刷和各种各样的风化作用。

由于花岗岩的岩性十分坚硬，因此抵抗物理风化的能力很强。由于在化学成分方面，花岗岩是一种含二氧化硅很高的岩石以及在矿物成分方面，花岗岩的主要成分是石英和长石，黑云母很少，因此花岗岩抵抗化学风化的能力也较强。风化作用是"欺软怕硬"的，华山周围的片麻岩和片岩，因不耐风化而早就被夷平了。因此，由花岗岩组成的华山就在自然界的风雨中傲然屹立。在花岗岩岩体上，常常具有纵横交错的节理，特别是在岩体边缘节理大量发育，给风化剥蚀创造了条件。而且，节理使岩石整块塌落，形成了突兀的柱状山崖，"千尺幢"就是大自然沿着节理修凿而成的。华山的岩体比较年轻。地球在约46亿年的漫长历史中，有过多次的岩浆活动，而形成华山花岗岩的岩浆侵入时代，距今仅约1亿年。古老的岩石饱经沧桑之变，而年轻的花岗岩受的变动少，受风化剥蚀时间短，因此更坚硬、更耐风化，因而形成奇而险的地形。

除此之外，华山东西两侧河流下切和南北两个断层错动，使华山

形成"太华之山，削成而四方"的陡峭、峻险、雄伟的花岗岩地形。

黄山归来不看岳

巍立于安徽南部的黄山虽不是"五岳"之一，但它的名胜古迹、绮丽风光与"五岳"相比也是不相上下。黄山风貌独具一格，有"震旦国中第一奇山"之称。那里云海奇松、怪石温泉驰名中外，被称为"黄山四绝"。所以自古以来有"黄山归来不看岳"之说。

由花岗岩岩体构成的黄山风景区约有1200多平方千米，著名景观有"猴子观海""仙人指路""天狗望月"等，还有剪刀

黄山云海

峰、莲花峰等 72 蜂。莲花峰海拔约 1864 米，是群峰之巅。它与天都峰、光明顶一起作为三大主峰，位于风景区的中部，登上三峰可以鸟瞰全山。

黄山怪石

组成黄山的大小诸峰，参差错列，峰峦之间峭壁千仞，深渊万丈，沟壑纵横，云海起伏，好像波浪汹涌的海洋。悬崖陡壁上，长满了千古奇松。峰峦之上，石骨嶙峋，隽秀活泼，玲珑奇巧，如人如仙，似鸟似兽。我

黄山迎客松

国明代地理学家徐霞客游览了全国名山胜水后感慨地说："登黄山，天下无山，观至矣！"

黄山为何这般秀丽呢？从岩石角度看，它是由坚硬的花岗岩组成的。随着地壳构造运动，花岗岩体不断抬升形成了高山。同时，构造运动又使岩石发生断裂、破碎，后经流水、冰川沿裂隙进行切割，就这样形成了悬崖陡壁。风化作用又像技艺精湛的石匠，用神斧仙刀把断裂的花岗岩修饰成了各种奇特的形态。此外，在黄山形成的过程中，冰川的特殊作用是值得注意的。几十万年以前，地质时期为第四纪的时候，我国是一个冰天雪地的世界，这时的黄山也是冰雪的海洋。在山岳区域，由冰雪形成的河流——冰川在缓慢地流动。它像传送带那样，携带着沿途的石块，加上其刨蚀作用，像一把开山斧，将黄山铲、刨、刮、磨，雕刻成独特的冰蚀地形。要是你去过黄山的话，也许还记得在天都峰陡峭的山峰下，高高悬挂的簸箕状冰斗吧！它就是冰川在向

下流动时，挖刨成的斗状凹坑。远远看去，一个"U"形山谷高挂在半山上，人们称之为冰斗。

黄山脚下有15处温泉，水温常年为42℃左右，水质清澈，是天然疗养胜地。这里的温泉是重碳酸盐型的温泉，泉水来自花岗岩岩体与砂岩的接触带和断裂破碎带。温泉的形成与深处的花岗岩岩体有关。

黄山温泉

狼山风火轮

狼山在内蒙古自治区西北部，山上风光绮丽，引人遐想。传说当年美猴王孙悟空大闹天宫时，与哪吒三太子在空中鏖战，孙悟空从耳朵里取出金箍棒，三晃两晃变成碗口粗的铁棒，手起棒落，打在哪吒身上。哪吒三太子口喊"饶命"，脚踏风火轮，转身就跑。急忙中哪吒三太子将一只风火轮落在狼山上，而今山上立着的一块圆盘状石头就是那只风火轮的化身。风火轮燃烧时的熊熊大火，照耀狼山，昼夜通明，而今在岩石上还留下了"火星"。

这风火轮是怎么回事呢？的确，在狼山上立着一块圆盘状的大石头，形状很像石碾或石轮子，当地人称之为"风火轮"。由于这块奇石，人们编造了这个神话。但在地质工作者看来，这石并不奇，它只是一块普通的花岗岩，花岗岩上节理发育得纵横交错，把岩石切割成板状。而且，这里的气候特点是多风，一年中，小风不断，大风常见，年平均风速在3米/秒以上，飞沙走石，风夹带着沙子、砾石，吹打在岩石上面，久而久之，岩石被风化、剥蚀成板状的花岗岩块。经长期风化、剥蚀后，就形成了形状奇特的摇摆石——风火轮。

那么，岩石上的"火星"又是怎么回事呢？仔细看去，那落在风火轮上的"火星"是结晶比较粗大的钾长石，呈肉红色，均匀嵌布在花岗岩中，人们形象地说它是点点火星。

东山岛风动石

福建省东山岛是地处东海和南海之间的大陆岛，滔滔的海浪、海滨的风动石、东门屿、虎窟泉、石僧拜塔……构成风景优美的胜迹。其中，坐落在东山城关东门外海滨的风动石最为引人注目。风动石高 4.37 米，宽 4.57 米，长 4.69 米，重约 200 吨，像一个巨大的石桃屹立在濒临海岸的石盘上。风动石上小下

风动石

大，重心较低，在一般情况下摇晃，其重心始终都在与石盘的接触面上，就像桌子上放的不倒翁一样，只会摇晃不会倒下来。当然，一旦推动力使它的重心的垂线脱离石盘时，风动石就会倒下来，而且永远不再摇了。古人称这块风动石为"天下第一奇石"。

多少年来，到这里来欣赏海滨风光、奇石胜景的人络绎不绝。历代文人题诗赋词，留下了许多诗词和石刻。风动石成为东山岛名胜八景之一，现作为文物加以保护。

根据地质学家考察发现，风动石和它下面的大石都属于花岗岩，根据岩石节理发育的特点判断，二者原本是一个整体，由于海浪和雨水沿着岩石节理侵蚀，加上风化作用，两者产生脱落，形成了有趣的、奇形怪状的石头。

玄武岩及其火山景观

浅说玄武岩

1943 年 2 月，人们亲眼看着墨西哥的帕里库廷火山，在短短的一周内，在一片玉米地上堆起了 100 多米高的山峰，之后几十年，火山断断续续地喷发，使得其高度又上升了 300 多米。

玄武岩是一种火山喷出岩。它们颜色暗黑，呈紫色或绿色，常常有气孔。如果气孔中充填有玛瑙和方解石等浅色矿物，宛如杏仁，则被称为杏仁状构造。玄武岩比一般岩石要重一些，这是因为玄武岩的化学成分中含铁质较多。其矿物结晶比较细小，要在偏光显微镜下才能分辨出来。玄武岩由斜长石、辉石、橄榄石和少量的磁铁矿组成。此外，玄武岩还含有较多的二氧化铝、氧化铁、氧化亚铁、氧化镁，以及较少的氧化钙、氧化钠、氧化钾等化合物。

玄武岩名称的来历有种种说法。一是说"玄武"一词是从日文引入的。日本兵库县有个玄武洞，因玄武岩在此洞中被发现而得名；一是说"玄武岩"来源于埃塞俄比亚语，为"黑色大理岩"的意思。我国古代的"玄武"一词是指神龟，即"玄武，者古之神龟也"。乌龟的龟壳由 13 块六角形的块组成，而玄武岩在岩浆冷凝时，由于体积收缩，往往在垂直方向上成六方柱状裂开，地质学上称为柱状节理，从平面上看，很像乌龟壳的形状，因此，把这种岩石称为玄武岩。

20 世纪 60 年代以来，玄武岩引起地质学家的浓厚兴趣，其原因如下：

第一，玄武岩分布十分广泛。它们广泛分布于太平洋沿岸的堪察加半岛、日本、印度尼西亚、新西兰和阿拉斯加等地，我国黑龙江省的五大连池、海南岛的雷虎岭、安徽省明光市的女山、四川的峨眉山、云贵高原和河北省张家口附近的汉诺坝等地也广泛分布着玄武岩。在占地球表面积约70%的海洋的底部，几乎全由玄武岩组成。海底的玄武岩来自大洋中脊大裂谷，几十万千米长的裂谷中不断喷出玄武岩，新喷出的玄武岩把先前的玄武岩向裂谷两侧推移，这种推陈出新的喷出，使得主张板块构造学说的学者特别感兴趣。

第二，越来越多的矿产资源与玄武岩有关。例如自然铜、冰洲石、大型铁矿和黄铁矿型的铜矿都与海底喷发的玄武岩（细碧岩）有关。玄武岩本身就是很好的铸石材料，它们具有耐酸、抗腐蚀等性能。将玄武岩抽成丝编织成布，比普通玻璃丝耐火度高，抗碱性好。

第三，玄武岩浆来自300千米以下的上地幔，沿途还把上地幔中的二辉橄榄岩夹带到地壳上来，这就是地质学所说的"玄武岩筒包裹物"。因此，对玄武岩及其包裹物的研究，可以了解上地幔中的物质成分。从1959年国际地球物理年以来，掀起了研究玄武岩筒中的包裹物的热潮。

第四，玄武岩构成了一种绝妙的景色。那就是柱状节理和枕状构造所造就的地貌景观。柱状节理是玄武岩浆冷凝时体积收缩产生的一种裂缝，这种裂缝常常垂直于岩层面，呈六边形、正方形、菱形，柱高可达数米或十多米，景色蔚为大观。英国苏格兰的神仙台阶就是玄武岩的柱状节理景观，它位于北爱尔兰北部海岸边的一个大峡谷内离水面约100米高的地方，有很多呈灰色、古铜色的奇怪而整齐的多角石柱，堆砌成一个个小山。

海底喷发形成的玄武岩，形成一个个枕头状的岩块，叠堆起来形成另一种地貌景观，地质学上称作枕状构造。

张家口附近的汉诺坝玄武岩和贵州梵净山的玄武岩都有很好的枕状构造。

海底的奥秘

20世纪20年代，海洋研究发展到利用回声测深技术探测海底地形。所谓回声测深技术，就是从船上向海底发出声波，通过仪器测量从海底反射回来的声波所需要的时间，再乘上声波的速度，就可以测定海底离海面的距离。通过测量发现，大西洋、太平洋和印度洋等海底地形是此起彼伏、崎岖不平的。海底蜿蜒连绵的山脉被称为海岭，海沟深切海底，海岭和海沟有规律地组合，呈长条状平行排列。在山脉中以中央海岭的规模最大。海岭、洋中脊，甚至海沟几乎全由玄武岩组成。利用深海钻探取得的玄武岩标本，经过放射性绝对年龄测定，中央海岭的玄武岩年纪最轻，两侧玄武岩的年龄较老，越往外的玄武岩年龄越老，最高达 2~3 亿年。通过海底照相还发现，年轻的海岭和洋中脊的中部，好像有被拉开的痕迹。如此看来，海岭与陆地上的大山脉有着明显的不同。科学家还发现了中央海岭顶部有着相当大的热流，那里是地震经常发生的地区。

那么，中央海岭是怎样形成的呢？上面那些现象又怎样解释呢？科学家们经过深入的调查研究，认为中央海岭是地幔软流层物质流出地壳的出口，中央海岭由地幔上升上来的玄武岩组成。由于地幔物质不断地从中央海岭向两侧挤压，所以，新的海底地壳不断地从这里产生。每当新的玄武岩从海岭破裂带喷出后，原先的玄武岩就向海岭两侧推移，每年推移的距离可达几厘米。譬如，从太平洋海岭喷出的玄武岩大约经过 1 亿多年的移动，就可到达日本和菲律宾的海沟附近，又从日本和菲律宾的海沟处重新卷入地球的深处。就这样，整个海底的玄武岩都在进行"新陈代谢"。这个事实正是海底扩张学说的证据。

20 世纪 60 年代，板块构造学说逐渐兴起，它有力地支持了海底扩张学说。因此，海底玄武岩的形成及分布情况都是板块构造学派所关注的问题。

板块构造学说认为，地球表层的岩石圈不是一个整体，而是由几个不连续的、厚度约为 100 千米的小块镶嵌而成的，这些小块就被称为"板块"。板块与板块之间由缝合线彼此连接。最初，人们把全球分为六大板块，即亚欧板块、非洲板块、美洲板块、太平洋板块、南极洲板块和印度洋板块。后来，有的人又从中分出许多小板块，如中国板块、土耳其板块等。每个大板块都由几个小板块组成，但各派划分意见不一，尚待进一步研究。

中央海岭是相邻板块接触的地方，相当于两个板块之间的缝合线，是地壳上的大裂隙。地幔物质——玄武岩浆沿着裂隙喷出来，不断地冷凝，逐渐形成巨厚的玄武岩层。所以，地质学家都承认玄武岩是组成大洋地壳的基本物质。

五大连池奇观

被誉为"火山博物馆"的五大连池火山群，位于黑龙江省五大连池市城区西北部，这里已成为火山游览胜地和生态疗养场所。

五大连池火山群

以 14 座拔地而起的火山锥、11 座盾形火山、8 座岩渣锥火山以及 800 多平方千米的熔岩台地组成。它们是距今约 69 万年、第四纪更新世以来玄武岩浆的喷溢物。位居火山群中部的老黑山和火烧山是我国最新的火山之一，于 1719—1721 年间爆发。清朝人西清在《黑龙江外记》中写道："一日地中忽出火，石块飞腾，声撼四野，越数日火熄，其地遂成池沼。"

蔚为大观的熔岩地貌最为引人注目。火山爆发时，有大量液态的高温熔融物质喷发出来，这种喷出物被称为熔岩流，它的温度一般为 900～1200℃，表层温度更高一些，可达 1400℃，这

五大连池

是由于表层与空气接触，发生了强烈的氧化。从老黑山和火烧山喷出来的熔岩流以每小时几十米的速度向四周流去，当流入火山附近的白河时，就堵塞了河流的通道，因此在不到5千米的白河河道上，筑起了五道熔岩堤坝，把河流堵塞成五个湖泊，称为火山堰塞湖，五大连池因此而得名。

五个有水道相连的弯月形火山堰塞湖，好似五颗明珠成串地镶嵌在火山锥之间，风景格外秀丽。熔岩流在陆上向南延伸10多千米，宛如黑色的巨龙躺在地上，人们称它为"石龙"。石龙熔岩姿态万千，造型优美。有的像山洪暴发形成的瀑布，称为熔岩瀑布；有的似象鼻吸水；有的像一根根绳子，称为称绳状构造；有的像大海中的波涛；有的像河里放运的木排；有的像石熊；有的像猛虎等，不一而足。

由于熔岩流的温度急速下降，当表层固结后，内部气体夹带着液态熔岩从裂隙向外喷出，就形成了环状的、喇叭花状的喷气穴。气液多次喷出的饼状熔岩叠加起来形成喷气锥。

在五大连池的火山喷发物中，各种各样的火山弹尤为引人注目，有球状、椭圆状、梨状、纺锤状、蛇状和麻花状等，火山弹形色多样，为别处所罕见。

峨眉天下秀

峨眉山屹立在我国四川的西南部，山势雄伟，气势磅礴。因其山脉绵亘曲折、千岩万壑，溪流绿树，秀丽清雅，流云瀑布，

峨眉山

峨眉山万佛顶

景色万千，故有"峨眉天下秀"之说。峨眉山是我国四大佛教名山之一。唐代大诗人李白赞美峨眉山："蜀国多仙山，峨眉邈难匹。"

峨眉山是大峨山、二峨山、三峨山和四峨山的总称。主峰上的万佛顶海拔约3099米，金顶海拔约3077米，高出峨眉平原2500多米，有"峨眉高出西极天"之说。金顶舍身崖垂直高差600多米，悬崖峭壁，高峻雄伟。山上沟谷发育，谷地狭窄，纵深多跌水。山体由花岗岩、石灰岩、变质岩组成。顶部有大面积的玄武岩覆盖，称为"峨眉山玄武岩"。

我国的峨眉山玄武岩是在距今2.6亿年、地质时代二叠纪时喷发的，广泛分布于我国西南的四川、云南、贵州几省，分布面积为50多万平方千米，厚度在1000~2000米。在有文字记载以来，洪水泛滥恐怕也没有这么大的面积。二叠纪峨眉山玄武岩为什么会有这样大的面积和厚度呢？这是因为西南一带在二叠纪发生了强烈的地壳运动，产生了无数条大断裂，玄武岩浆沿着这些大断裂多次喷发。

峨眉山的主峰金顶，独立在

峨眉山金顶

群峰之上。登上金顶，放眼四周，峨眉平原和峨眉诸峰尽收眼底。金顶上的舍身岩峭壁陡峻，在云雾中可以回光返照。金顶和舍身岩西面 100 多千米的瓦屋山都是由玄武岩形成的平台，有同样的高度，遥遥相望。这些平台是玄武岩浆当时流动的层面，险峻的绝壁是由玄武岩的垂直节理造成的。在漫长的地质年代里，山体经过风化剥蚀，特别自第四纪以来，峨眉山至少经历了 3 次冰期，冰川和流水沿着直立的节理缝不断地雕塑、装饰，才成为今日的奇绝峰峦。

变质岩与泰山、嵩山

变质岩

变质岩是由变质作用形成的岩石，到处都可以见到。例如，用炉火将馒头烤成焦黑色，此时碳水化合物失去了水分和二氧化碳，全部变成炭质，馒头由于温度的增高而发生了变质。岩石也是这样的，在一定高温高压下，岩石与化学性质活泼的组分如水和各种酸作用，也会发生变质。只不过它们变化得比较缓慢，而且在地下比较深的部位进行，因此才不为人所察觉。

变质岩是已经形成的火成岩、沉积岩，在地壳运动、岩浆活动的影响下，受到高温高压以及热液和气体的作用，使原来岩石的矿物成分、结构和构造发生改变，生成的一种新的岩石。

岩石在高温作用下，有些矿物成分可以重新结晶，有些矿物成分彼此间发生化学反应，从而产生新的矿物。岩石在高压作用下，可以产生体积较小、比重较大的新矿物，同时，又可以使岩石中的一些矿物定向排列，从而使岩石具有板状构造、片理构造等。

常见的变质岩有：由石灰岩变质形成的大理岩，砂岩变质形成的石英岩，泥质岩变质形成的板岩、千枚岩、片岩和片麻岩等。岩石在变质过程中，有些矿物发生相对富集的现象，可以形成具有工业价值的矿床。例如，我国的鞍山铁矿就是由含铁石英岩经变质作用后形成的大型铁矿。

泰山与泰山杂岩

东岳泰山坐落于山东省泰安市，东西长约 200 千米，山势雄伟突兀，山内怪石古松、巉岩瀑布，令人叹为观止。著名的古迹有岱庙、碧霞祠、五大夫松等，其中以玉皇顶上的日观峰、南天门等地观日出最为让人称奇。秦始皇于公元前 219 年曾到此封禅。历代帝王奉泰山为神明，修宫膜拜。

泰山上下，石刻漫山遍谷，有"天然的书法展览"之称。泰山石刻有楷、隶、草、篆等字体书写的碑文、经文、诗词和题

泰　山

词，内容丰富、形式多样。石刻多集中在岱庙、岱顶大观峰和泰山东路沿途。岱庙石碑如林，其中的秦朝李斯小篆石刻，距今已有 2000 多年，2000 多年来几经沧桑变化，剥蚀至今只残存 10 字。"望岳碑"以流利的草书，刻记了诗人杜甫的名句"会当凌绝顶，一览众山小"。宋朝的宣和碑高 9.25 米，宽 2.1 米，其下的龟座达 7 立方米，重 2 万多千克，为岱庙巨碑之最。

泰山摩崖石刻

泰山东路两旁的石刻中，《泰山经石峪金刚经》书法遒劲有力，每字字径平均约 50 厘米，向来以我国书法"大字鼻祖""榜书之宗"著称。经文经历了

1400多年风化剥蚀，至今尚存1000多个字。

岱顶大观峰一带岩石陡如刀削，岩壁上各种题字、石刻密集。其中，唐摩崖碑刻闻名中外。

泰山石刻虽经千百年，但至今基本保持原貌，这与泰山的岩石性质有关。泰山是由什么岩石构成的呢？这里的岩石全部是古老的泰山群花岗岩，也就是花岗混合岩。这种岩石已有近26亿年的历史，绝大多数石刻是刻在这种致密坚硬的岩石上的。

当你登上泰山，饱览雄伟而秀丽的景色之后，仔细看看脚下的岩石，可以发现这儿的石头常常点缀着各种美丽的花纹：有的像一幅山水画；有的像一群翩翩起舞的仙女；有的像一位驼背的老叟，白面红髯，头戴斗笠，身披蓑衣，静坐垂钓；还有的像南天门朝圣的文武百官……这些神奇的图案，不胜枚举。泰山混合岩是怎样形成的呢？泰山地区是古代海槽的一部分，堆积了厚厚的泥砂质和基性火山物质。在地壳强烈运动的影响下，地层褶皱隆起，岩浆大规模侵入，大量温度高、活动性大的流体物质，沿着裂隙贯入或渗透到岩石中去，并与岩石发生强烈的交代作用。流体物质不断地从岩石中溶解和带走一些铁镁物质，同时又送来一些硅、钾、钠。在交代作用进行得不完全、不彻底的情况下，原先岩石中的残留体与流体物质就形成黑白相间的条带。这些条带宽窄不一，时而平直、时而弯曲，形态各异：有的像肠状；有的像飘带；有的像眼球；有的像云雾。岩石学上将这种岩石称作混合岩。

混合岩是一种变质程度很高的岩石，在我国分布很广。大多数古老的岩石都是混合岩。泰山的混合岩又叫泰山杂岩。泰山杂岩是在距今26亿年前形成的，而泰山现在的基本轮廓是在距今3000万年的新生代中期形成的。过去人们常把泰山和泰山杂岩的形成时间混为一谈，这是不对的。先有泰山杂岩，后有东岳泰山的说法才是科学的。

嵩山与启母石

嵩山是灿烂的文物之乡。这里有雄伟壮丽的中岳庙，有闻名中外的少林寺，有我国现存最古老的阙——太室阙、少室阙和启母阙，它们被通称为嵩山"汉三阙"，是珍贵的汉代庙阙。

启母阙的东北面矗立着一块巨石，数里以外就可以望到。相传，这是夏启母亲的化石，所以称其为"启母石"。

关于启母石有这样一个传说。远古时候，洪水横流，民不聊生，大禹继承父业，受命治水。在开凿嵩山轘辕关、引洪归道时，大禹治水心切，日夜不离工地，当他要吃饭的时候，就击鼓，他的妻子涂山氏听到鼓声就送饭来。平时大禹凿石时，为了增大力气，化作了一头黑熊，但他将这件事一直瞒着涂山氏。有一天，几块飞石掉在鼓面上，发出咚咚的响声，涂山氏以为大禹要吃饭，便赶忙送来饭菜。涂山氏见到变成黑熊的大禹，大吃一惊。她又羞又急又气，往家里跑去，几乎快要晕倒。她勉强支撑住，站在家门口的石坡上，变成了一块石头。到吃饭的时候，大禹击鼓，却没等到涂山氏来送饭。大禹赶回家中，见妻子已经化作石块。当时的涂山氏已经怀孕，为了让治水的事业继续下去，大禹便用颤抖的声音向妻子要孩子，于是巨石的北方破了一个大口，从中跳出来一个男孩，大禹给他起名叫"启"，这块石头后来被叫作"启母石"。启母石曾吸引了许多帝王，如周穆王、汉武帝、唐高宗、武则天等前来观看。汉武帝看过启母石后，就下令在启母石南面修建了一座启母庙。唐高宗游览中岳时，曾敕令重修启母庙，并且命令崔融作碑铭。古今中外，来这里旅游的名人更是不计其数。

启母石的传说虽然十分神奇，但实际上启母石却是一块非常普通的石英岩转石，只是石块很巨大。这块巨大的石英岩原来是嵩山上的岩石，由于地壳运动，嵩山上的岩石上产生了裂隙，不断遭受日晒雨淋、风化剥蚀，裂隙越来越大，最终在重力作用和风化作用的"帮助"下，巨石从山上滚下来，矗立在崇福宫的东面。由于人们的想象和传说，这块普通的巨石就成了具有神奇来历的怪石了。其实在启母石旁边的叠石溪里，倒是怪石诡奇。正如游人所说："叠石溪之胜在于石。"这些石英岩的转石，形状怪奇，如卵如鼎，立若龙马，蹲若虎豹，层层叠上。溪水奔流其间，伏而不见，听之叮咚。水激石上，或喷薄如碎珠，或翻腾若雪浪。奇花异草，依石而生。司马光把山庄建在这里，恐怕就是风景这边独好的缘故吧。

诸葛拜斗石

北京故宫御花园西侧铜獬（xiè）豸（zhì）的前面，有一块奇异的石头，状如僧帽，石面上呈现一个躬身下拜的人影。此人影头戴道巾，身穿长袍，长袖下垂，双手拱起，躬身参拜与之相对的北斗七星石，形象栩栩如生。这与三国时期蜀国政治家、军事家诸葛亮参拜北斗七星的故事相合，因此，人们将此石称为"诸葛拜斗石"。

相传，234年，诸葛亮率领军队去攻打曹操，他的军队驻扎在渭水的南岸。一天，诸葛亮正与部下姜维讨论战事，忽然有人来报告说费祎（yī）到了。诸葛亮听完费祎的报告后，旧病复发，长叹一声，不觉昏倒在地。众人对其实施急救，半晌他才苏醒过来。诸葛亮自知命将归天，于是在军营中设下香花祭物，地上布置7盏大灯，外边布置49盏小灯，正中心布置1盏本命灯，向北斗星祈祷。如果7天内主本命灯不灭，诸葛亮的寿命可增一纪（12年）。当诸葛亮拜到第六夜时，部下魏延飞步跑进军营来报告军情，因他脚步急，一不小心，就将本命灯扑灭了。此时，守在旁边的姜维要杀魏延，被诸葛亮劝阻了，说是"此吾命当绝，非文长之过也"。一段时间过后，诸葛亮病逝于五丈原，时年54岁。据说，诸葛亮死前口吐鲜血，鲜血溅在石面上，化作他的身影和北斗七星，以表对天铭感之情。其实，此石与诸葛亮没有一点关系，这不过是一种巧合罢了。此石只是一种含砾石的石英岩，石头上的花纹不是所谓诸葛亮的身影，而是石英岩在成岩过程中形成的3个大小不等的含铁质透镜体，由氧化铁巧连而成，一些大大小小的砾石构成了现在的形状和图案。

第六章　岩石中的稀世珍宝

岩石中的珍品

岩石中的珍品，要数那些宝石、玉石、彩石和砚石了。宝石、玉石、彩石、砚石历来为人们所珍爱。在自然界中，所有的矿物和岩石中有200多种可以做宝石、玉石、彩石、砚石，而特别珍贵的只有几十种。

什么是宝石、玉石、彩石和砚石呢？具备什么条件的岩石才能达到宝石、玉石、彩石、砚石的标准呢？地质学家认为：宝石、玉石、彩石、砚石是自然界中符合工艺要求的矿物和岩石，是可用于制作装饰品、艺术品、雕刻品的美术工艺原料。世界各国对这类原料至今尚无统一的名称。

在我国，有的人用"宝石"作这类原料统称，有的人用"玉石"作这类原料统称，涵义不清，概念混乱。地质学家建议，把自然界中凡经过琢、磨、雕、刻，可以供装饰、欣赏或具有实用价值的矿物和岩石统称为"贵美石材"，简称为"贵美石。"所谓贵，一是这些原料在自然界中数量甚少，物以稀为贵；二是这些原料经加工后的成品，价值十分昂贵。所谓美，主要在于原料本身有鲜艳的颜色、灿烂的光泽、清澈的透明度、细腻而坚韧的质地以及特殊的结构、构造，具有诱人的魅力，加工后的艺术品更给人以美的享受。

宝石、玉石、彩石和砚石的划分标准和主要用途如下：

宝石：凡硬度（摩氏）在 6 度以上，颜色鲜艳纯正、透明度高、折光率高、光泽强，符合工艺要求的非金属矿物晶体，均可称之为宝石。它们主要用于制作各种首饰。

玉石：凡硬度（摩氏）在 4 度以上，颜色艳丽、抛光后反光性强、质地细腻坚韧，符合工艺要求的非金属单矿物集合体（单矿物岩），均可称之为玉石。它们主要用于制作玉器，部分用于制作首饰。

彩石：凡颜色鲜艳、色彩美

色彩美丽的彩石

丽、质地细腻，或者具有某种奇异结构的多种矿物集合体（即岩石）和金属矿物以及硬度较低的单矿物集合体，均可列为彩石的范畴。它们主要用于制作各种雕刻品和作为建筑石材，部分用于首饰或首饰镶边。

砚石：凡符合发墨益毫，滑不拒墨，贮墨不涸，久磨不损，细中有锋，柔中有刚等要求，可用以做砚的泥砂质沉积岩、钙质沉积岩或浅变质岩，称为砚石。

玉石和砚石起源于中国，宝石和彩石在我国也早已被利用。因此，上述关于它们的划分标准和主要用途体现了我国长期以来利用贵美石材的历史特点。

我国素有"玉石之国"的称号，我国的宝石和玉雕工艺品在世界上享有"东方艺术"的盛誉。根据考古可知，我们的祖先在旧石器时代末期，就已使用石质装饰品了。到了新石器时代，不但出现了石环、石杵等较为精致的石器，而且还出现了玉器。我国的玉雕工艺至少有四五千年的历史。

我国对于彩石的应用也出现在新石器时代。从北魏到元朝时期，开凿云冈石窟、敦煌莫高窟和龙门石窟；明朝在北京建造十三陵；明、清建造北京故宫；1929 年建成的南京中山陵，都分别采用了汉白玉、大理石、花岗石、寿山石、田黄石等大量彩石。中华人民共和国成立以后，彩石资源的开发和利用得到了更为迅速的发展。如各地品种繁多的花岗石、大理石、福建福州的田黄石和寿山石、浙江青田的青田石、浙江昌化的鸡血石、湖南浏阳的菊花石、山东莱州的绿冻石和陕西略阳的五花石等，用它们制成的工艺品绚丽夺目、坚固美观。

笔、墨、纸、砚合称"文房四宝"。"文房四宝"中的砚，在我国具有悠久的历史，早在古代就有铜砚、银砚、玉砚、陶砚和石砚等，其中尤以石砚历史久远。端砚、歙（shè）砚、洮砚等优质砚石远在唐朝时就已驰名中外。

灵璧一石天下奇

灵璧玉是玉中佳品。在战国时期，人们就多以浮磬为贡品，朝贡给朝廷。浮磬是一种用比较轻的石头制成的乐器，这种石头就是安徽灵璧县浮磬山的磬云石。这种石头敲击起来声韵悦耳，能发八音，色黑似漆，所以古人用它们来磨制乐器。宋代诗人方岩曾赞美灵璧奇石，他写道：

> 灵璧一石天下奇，
> 声如青铜色如玉。
> 秀润四时岚岗翠，
> 宝落世间何巍巍。

灵璧玉的品种很多，但比较名贵的要数红皖螺、灰皖螺和磬云石。它们质地素雅，色泽艳丽，花纹美观大方。灵璧玉的历史悠久，一向用来做浮雕、圆雕、镂空等工艺品的原料。此外，还可加工成石板，供房屋建筑和抱柱镶嵌之用。目前，我国的灵璧玉远销日本、美国、法国、意大利和非洲的一些国家。

安徽省灵璧县浮磐山上的灵璧玉，是一种碳酸盐岩和变质的碳酸盐岩——大理岩。这种碳酸盐岩和大理岩质地素雅，色泽美观。红皖螺和灰皖螺都是含叠层石的大理石。大约在 8 亿年前，生活在浅海中的蓝绿藻等微生物死亡以后，与海水中的碳酸盐物质一起沉积下来。其中，碳酸盐物质沉淀结晶形成方解石，蓝绿藻则形成花纹漂亮的叠层石。

红皖螺

古生物学家认为，叠层石由两个基本层交替构成，一个是基本层暗带，这是在藻类繁殖季节由富含有机质的薄条带构成的；另一个是基本层亮带，是在藻类休眠季节，由有机质少的厚条带层构成。这些层都向上突出形成各种形态。后来，含叠层石的石灰岩在高温高压条件下，方解石重新结晶，便形成了现在所见到的含叠层石的大理岩了。红皖螺因含氧化铁而使岩石变成紫红色和粉红色，灰皖螺因含黏土矿物杂质而呈现银灰色和黄灰色。磐云石为隐晶质石灰岩，由颗粒均匀的微粒方解石组成。同时，在隐晶质的方解石内和颗粒之间，含有金属矿物和有机质斑点。因此，当岩石被磨光后，其基底漆黑如镜，光亮照影，其上闪烁着点点金光。

玉中新秀——丁香紫玉

20 世纪 70 年代末，地质工作者在新疆阿尔泰、天山地区，发现了一种新的玉石石料。由于它们的颜色很像紫色的丁香花，所以将它们称作丁香紫玉，简称丁香紫。

丁香紫玉料，颜色艳丽，玉质细腻，质地致密，光泽柔和，均匀无瑕，韧性很好。块度大小不一，大的有几十立方米，小的为几立方厘米，是一种中、高档玉石。目前用丁香紫琢磨、雕刻的工艺品主要是项珠、人物仕女、炉、鼎、塔、瓶等。用丁香紫玉制作的工艺美术品，深受国内外人士的称赞和好评。

丁香紫玉料是一种主要含有锂云母矿物的岩石。把它们磨成0.03毫米厚的薄片，然后放在偏光显微镜下观察，可以看到丁香紫主要由锂云母组成，还有少量的微粒石英、钠长石等。锂云母呈片状或鳞片状集合体，一般为浅紫色，也有白色或浅粉色的，有玻璃光泽，在解理面上呈珍珠光泽，半透明至不透明，硬度不大，和指甲硬度差不多，比重在2.8～2.9之间。丁香紫的性质由主要组成矿物锂云母决定。

丁香紫玉产在钠—锂型的花岗伟晶岩中。这种岩石呈脉状产出，延伸几米到几百米，甚至几千米。新疆阿尔泰、天山地区花岗伟晶岩甚多，所以丁香紫玉料的发展是大有前途的。

贺兰山上的贵石——贺兰石

宁夏有五宝，人们概括为"红黄蓝白黑"。"红"指枸杞，"黄"指甘草，"蓝"指贺兰石，"白"指滩羊皮及二毛裘皮，"黑"指发菜。

贺兰山上的贺兰石是一种含石英粉砂的粘板岩，可以作工艺美术石料，被誉为"蓝宝"。它们最突出的优点是质地细腻均匀，色彩斑斓。不少贺兰石有紫

丁香紫玉项珠

贺兰石

中嵌绿、绿中附紫的特色。陈列在人民大会堂的大幅竖屏，就是三层颜色的贺兰石雕。从整体来看，贺兰石呈深紫色，雕刻艺人称其为"紫底"，在紫底上嵌布着浅绿色，将其称作"绿彩"或"绿标"。两者界线分明，晶莹嫩绿，显得分外素雅清秀。

贺兰石结构均匀、质地细密、孔隙少、透水性差、刚柔相宜、坚而可雕，是雕刻石砚的优质材料。带盖的贺兰砚如同密封的容器，存墨久置不干，素有"存墨过三天"之誉。乾隆四十五年（1780年）出版的《宁夏府志》里写道："笔架山在贺兰山小滚钟口，三峰矗立，宛如笔架，下出紫石可为砚，俗呼贺兰端"。到清末，"一端二歙三贺兰"的说法已广为流传。贺兰石砚具有发墨、存墨、护毫、耐用的特点。

贺兰石的另一大用处是制作油石（即磨石）。油石是机械工业中加工精密零件不可缺少的研磨工具，广泛适用于倒砂压光和直接研磨各种高精度、高光洁度的块规、刀具和刃具，可抛光钟表摆轴和零件、仪表轴尖、硬合金笔尖、高级绘图仪器及精密机械零件等。

贺兰石的主要矿物成分有石英、泥质和极少量的绢云母。石英颗粒极细，绝大多数小于10微米。贺兰石中含有少量铁质，分布不均匀。

翻开宁夏贺兰山的地层史卷，可知贺兰石在地层中至少已经度过至少13亿年的漫长岁月了。

青田有奇石

青田石产于浙江省距青田县城约10千米的白羊山上。这里地处瓯江中游，括苍山南麓，青田石因产地而得名。青田石是一种著名的雕刻原料。1978年，中国领导人访问朝鲜时，赠送给朝鲜当时的领导人金日成主席一座"群马"石雕，该石雕就是依青田石的天然色彩，雕刻成一群奔腾飞跃的骏马，象征着千里马精神。

青田石刻始于宋代，至今已有900多年的历史。那么，青田石刻是怎样开始的呢？传说，宋朝时，有一个农民到白羊山去砍柴。一天，他正砍得起劲，突然柴刀砍在石头上了，"唰"的一声，柴刀砍到处石头落地，空中飞溅出一股雪白的粉末，但砍柴刀却丝毫没有损伤。农民好奇地从地上捡起那块石头，石头晶莹如玉，真是好看极了，于是他把它夹在柴草当中带回家去。这件事传开后，人们都到这一带来采集这种石头。从此，这种石头与当地人便结下了不解之缘。聪明的石刻艺人还试着用它们来刻图章、刻砚台、刻墨水缸，于是逐

青田石印章

渐形成了青田石刻。关于墨水缸，也有一个传说。据说有一天，一位刻砚台的手艺人从野外带回来一束映山红，他无意中把这些花放在刚刻好的淡红色的墨水缸旁，红艳艳的映山红花瓣，衬着淡红色的墨水缸，使墨水缸显得更美丽了。艺人顿受启发，于是诞生了"刻花墨水缸"。

宋朝时的青田石主要用来刻制图章、石碗、石槽、笔筒、笔架、墨水缸和香炉等。到了清朝，由于石雕艺人的琢磨，青田石刻由文玩、实用品发展到雕人物、山水。从浅刻、浮雕、立体圆雕到多层镂雕，并充分利用石料上的"巧色"，使青田石雕的工艺达到很高的水平。民国初年，中国青田石雕艺人以青田石雕参加了中美洲的"巴拿马太平洋万国博览会"，并获得银奖，青田石雕成为艺术界闻名遐迩的珍品。

工艺美术界把青田石分为"冻石"和"图书石"两大类，而以冻石尤为著名。冻石半透明，洁白如玉，像冰一样，所以

被称为冻石。古人往往以"凝脂""冻密"来形容它们。按石质、颜色、纹理，冻石还可分为20多种，如鱼脑冻、青田冻、紫檀冻、红花冻、松皮冻、橘黄石、竹叶青、葱花黄及灯光冻等。其中最名贵的品种要数灯光冻了。它们与福建寿山的田黄石、昌化的鸡血石，并称三大佳石。明朝屠隆写的《考槃（pán）馀事》中说："青田石中有莹洁如玉，照之灿若灯辉，谓之灯光石，盖今顿踊贵，价重于玉，盖

灯光冻

取其质雅易刻，而笔意得尽也。"冻石一般都作图章材料。图书石比冻石差一些，它们质地滑腻、细致，颜色有红色、黄色、蓝色、黑色、紫色、褐色等，是刻图章的原料。

鸡血石

随着科学技术和工艺美术的发展，青田石的用途日益广泛，不仅作为雕刻石料、建筑材料和陶瓷原料的填充料，还用作分子筛、人造金刚石的模具和耐火材料等。

青田石是一种变质的中酸性火山岩，主要矿物成分为叶蜡石、石英、绢云母、硅线石、绿帘石和一水硬铝石等。颜色很

杂，红色、黄色、蓝色、白色、黑色都有，青田石的色彩与它们的化学成分有关，当氧化铁含量高时，呈红色，含量低时呈黄色，含量更低时为青白色。青田石硬度中等，由于其含叶蜡石、绢云母、水硬铝石等矿物，所以岩石有滑腻感。

浙江的昌化冻石也是一种含叶蜡石的酸性火山岩。在昌化冻石上，有时有红色的辰砂呈细点状分布，犹如鸡血撒在石面上一样，因此又名"鸡血石"。清朝官吏因其温润晶莹，璀璨夺目，用来做官帽上的红顶和朝服上佩戴的朝珠。以鸡血石做的印章石材，素为鉴赏家们所珍爱，鸡血石工艺雕刻品也深受国内外欢迎。

玲珑剔透的昆石

"孤根立雪依琴荐，小朵生云润笔床。"这是元朝诗人张雨在《得昆山石》诗中对昆石的赞美。昆石又称昆山石，因产于江苏昆山而得名，主要出自城外的玉峰山（古称马鞍山），系石英脉在晶洞中长成的晶簇体，呈网脉状，晶莹洁白，玲珑剔透，少见大材。

昆 石

昆石毛坯外部有红山泥包裹，须除去酸碱，从开采到加工成品需要一段时日。

大约在几亿年以前，由于地壳运动的挤压，昆山地下深处岩浆中富含的二氧化硅热溶液侵入了岩石裂缝，冷凝后形成石英矿脉。在石英矿脉晶洞中生成的石英结晶晶簇体便是昆石。由于其晶簇、脉片形象结构的多样化，人们发现它有"鸡骨峰""胡桃峰"等10多个品种，分产于玉峰山之东山、西山、前山。鸡骨峰由薄如鸡骨的石片纵横交错组成，给人以坚韧刚劲的感觉，它在昆石中最为名贵；胡桃峰表而皱纹遍布，块状突兀，晶莹可爱。此外还有"雪花峰""海蜇峰""荔枝峰""荷叶皴（cūn）"等品种，多以形象命名。

昆石总的来看是以雪白晶莹、窍孔遍体、玲珑剔透为主要特征。一块精品昆石必然是大洞套小洞，小洞内见大洞，洞内弯弯曲曲，变化无穷，显示出千孔百窍的灵巧，让人无限遐想而惊叹大自然的鬼斧神工，这是其他石种无法比拟的。

形态美是昆石的生命。古代观赏石四要素为"瘦""皱""漏""透"。昆石正是这类观赏石的代表之一。昆石其形千变万化，形态婀娜，冰清玉洁，幽洞遍体，无一雷同。昆石还具有天然雕塑之美，它们具有玲珑剔透的线条和多层次情景交融的形态。白居易在《太湖石记》中

说："百仞一拳，千里一瞬，坐而得之。"昆石精品已达到缩景艺术的气势，令人叹为观止。

石质美是昆石的灵气。昆石是由二氧化硅充填形成的石英结晶体，故石质似玉，细腻光润。用放大镜细观之，可发现昆石是由白色晶体组成，闪闪发光，犹如钻石，发出璀璨的光彩。昆石坚硬的质地、高贵的气质，让人爱不释手，所以昆石在古代叫玉石，产石的所在地现在还叫玉山镇，可见昆石从古至今以晶莹洁白著称，显示出它特有的高洁。

四大园林名石之一的英石

英石是广东省英德市特产，故又称为英德石。英石是经大自然的千百年骤冷曝晒、雨箭风刀、神工鬼斧雕塑而成的玲珑剔透、千姿百态的石灰石，"瘦""皱""漏""透"4字简练地描述了英石的特点。大的英石可砌积成园、庭之山景，小的可制作成山水盘景置于案几，极具观赏和收藏价值。

英　石

英石源于石灰岩石山自然崩落后的石块，有的散布地面，有的埋入土中，经过千百万年或阳光曝晒风化或雨箭刀风冲刷或流水侵蚀等作用，使之形成奇形怪状的石块，具有独特的观赏价值，从古至今深受奇石爱好者青睐。在英德市区东北面约 25 千米，有一座山名叫英山，它高约 240 米，是一座石灰岩质石山。由于其表石层经历长期自然风化，形成无数多姿多彩的英石。英德的英字，也缘英山而称。英山盛产的英石，有阳石和阴石之分。阳石出露在地面，质地坚硬，形体瘦削，色泽青苍，扣之清脆。阳石按表面形态分为直纹石、斜纹石、叠石等。阴石深埋地下，质地稍润，色有微青和灰黑，扣之皆有韵声。阴石玉润通透，阳石皱瘦漏透，各有特色，各有千秋。据专家估测，英德市可开发的英石资源极其丰富。

印石中的奇葩——昌化石

昌化石产于浙江省临安区昌化镇玉岩山一带。矿山走势自原上溪乡西北角的鸡冠岩开始，向东北延伸，经灰石岭、康山岭、核桃岭、纤岭等山岭，长约 10 千米。主矿区在海拔 1200 多米的玉岩山北坡。

昌化石

昌化石是个多姿多彩的大家

族，主要分为昌化鸡血石、昌化田黄鸡血石、昌化冻石、昌化田黄石、昌化彩石五大类，共150多个品种。

昌化鸡血石是昌化石中的精华，在中国宝玉石中占有重要地位。昌化鸡血石的血色为鲜红、正红、深红、紫红等，鸡血的形状有块红、条红、星红、霞红等，并能达到鲜、凝、厚为佳，深沉有厚度，深透石中，有集结或斑布均衡为佳。血量少于10%者为一般，少于30%者为中档，大于30%者为高档，大于50%者为珍品，70%以上者珍贵难得，全红或六面血为极品。红而通灵的鸡血石被称为"大红袍"，是可遇不可求的神品。

昌化田黄鸡血石是昌化鸡血石之新秀，其特征是在昌化田黄石的质地中包裹"鸡血"。因田黄石素有"石帝"尊称，鸡血石又有"石后"美名，而田黄鸡血石兼备两者丽质，故被称为"宝中之宝""帝后之缘"。昌化田黄石是近年新开发的名品，其明显特征是"无根而璞"，自然成为单个独石，呈无明显棱角的浑圆状，表面包裹石皮，肌理通灵透亮、温润细洁、纹格清新。

昌化冻石也是昌化石的优质品种之一，特点是清亮、晶莹、细润，根据色泽分单色冻和多彩冻。

昌化彩石是昌化石中色彩最丰富、产量较多的品种，它区别于昌化冻石的主要标志是不透明。

鸡血石雕刻品

"印石四宝"之一的寿山石

福州的寿山石是我国传统的"四大印石"之一。寿山石分布在福州市北郊与连江县、罗源县交界处的"金三角"地带。若以矿脉走向，又可分为高山、旗山、月洋三系。因为寿山矿区开采得早，旧说的"田坑、水坑、山坑"，就是指在此矿区的田底、水涧、山洞开采的矿石，经过1500多年的采掘，寿山石涌现的品种达数百种之多。

寿山石

寿山石在宝石和彩石学中，属彩石大类的岩石亚类，它的种属、石名很复杂，有100多个品种。按传统习惯，寿山石的总目一般可分为"田坑""水坑"和"山坑"三大类。

寿山村里有一条小溪——寿山溪，寿山溪两旁的水田底层，出产一种"石中之王"寿田石。因为产于田底，又多呈现黄色，故称为田坑石或田黄石。寿山石以色泽分类，一般可分为田黄、红田、白田、灰田、黑田和花田等。

田黄石是寿山石中最常见的，也是最具代表性的石种。田黄石的共同特点是石皮多呈微透明，肌理玲珑剔透，且有细密清晰的萝卜纹，尤其以黄金黄、橘皮黄为上佳，枇杷黄、桂花黄稍次，桐油黄是田黄石中的下品。田黄石中的田黄冻是一种极为通灵澄澈的灵石，色如蛋黄，产于半山坡，十分稀罕，历史上被列为贡品。

白田石是指田石中的白色石头，质地细腻如凝脂，微透明，其色有的纯白，有的白中带嫩黄或淡青色。石皮如羊脂玉一般温润，越往里层，色泽越淡，而萝卜纹、红筋、格纹却越加明显，似鲜血储于白绫缎间。石品以通灵、纹细、少格者为佳，质地不逊于优质田黄石。

田石中的红色石头称为红田石。生为红田石有两种原因，一为自然生成一身原红色；二为人工煅烧而成后天红色。天生的红田石称为橘皮红，是稀有石种。

寿山村的东南边有一座山叫坑头山，是寿山溪的发源地，依山傍水，有坑头洞和水晶洞，是出产水坑石的地方。因为洞在溪旁，石浸水下，故又称"溪中洞石"。水坑石出石量少，佳质尤罕，因此，今日市场上所见水坑石佳品，多为百千年前的旧物，故有"百年稀珍水坑冻"之说。水坑石是寿山石中各种冻石的荟萃，主要品种有水晶冻、黄冻、天蓝冻、鱼脑冻、牛角冻、鳝草冻、环冻、坑头冻及掘性坑头石等，色泽多黄、白、灰、蓝诸色。

寿山石除了用来大量生产千姿百态的印章外，还广泛用以雕刻人物、动物、花鸟、山水风光、文具、器皿及其他多种艺术品。这种供艺术雕刻用的寿山石主要产于寿山等矿床，其矿物成分以地开石、高岭石为主，叶蜡石次之。

集各色石种之大成的巴林石

巴林石产于内蒙古赤峰市巴林右旗。巴林石的品种相当丰富，寿山石、青田石、昌化石等均在巴林石中有相似者。巴林石有赤、橙、黄、绿、蓝、紫、白、灰、黑等色，有不透明、半透明、微透明等质地。透明者有蜡状光泽、丝绢光泽、珍珠光

巴林石

泽、凝脂光泽之分，也有鸡血石。巴林石质以坚纤、细密、色泽晶莹，有新蜡感觉为多，微透明、半透明、透明者均以有浑浊雾团状痕迹为多为特点，亦为其优长处。纯净无瑕者，更为珍稀。因其受刀性较好，为篆刻者所喜爱。

巴林石几乎可说是中国各色石种之集大成者。因为寿山石、昌化石、青田石各石之纹、色（除封门青外）均可在巴林石中觅得。

再现的蓝田玉

故宫博物院珍藏的汉朝玉佩（即蟒袍玉带或官帽上佩戴的玉器），以及西安茂陵出土的重10.6千克的西汉汉武帝的大型"四神纹玉铺首"（一种嵌在古墓门上用的玉器），经鉴定，它们都是一种蛇纹石化大理岩，宝石学上叫作蓝田玉，是以产地陕西省蓝田县命名的。

《汉书·地理志》载，美玉产"京北（今西安）蓝田山"。

汉代玉铺首

《后汉书·外戚传》《西京赋》《广雅》《水经注》和《元和郡县图志》等古书，都有蓝田产玉的记载。但到了明朝万历年间，宋应星所著的《天工开物》一书中，却否认陕西省蓝田县产玉石。他认为，所谓蓝田，即葱岭（昆仑山）出玉之别名，而后也误以为西安之蓝田也。宋应星把《汉书·地理志》和其他史书的记载全推翻了，认为世上的蓝田玉是出自昆仑山脉。

1921年，我国地质学家章鸿钊先生在《石雅》中说，蓝田自周至汉，地临上都，是古制玉之地，并非产玉之地，他认为宋应星的说法是有道理的。但他又怀疑，既然蓝田不产玉，又为什么说玉产于蓝田呢？所以，他又认为，蓝田古代可能产过玉，由于长期采掘，现在已无遗存了，所以后人才说蓝田不产玉。章鸿钊先生只是对蓝田是否产玉作了分析，也没有结论。蓝田玉的产出地点在当时仍然是个谜。

1978 年，地质工作者在蓝田县发现了蓝田玉，它们是一种蛇纹石化大理岩。白色的大理岩中布满了草绿色的具有滑感的蛇纹石，当含有其他杂质时，还可出现红、黄、黑等色。

蛇纹石化大理岩是碳酸盐岩石，由石灰岩、白云岩受到热水溶液作用后，重新结晶而成的。在变质过程中含镁质的矿物（如白云石）可以变成蛇纹石。

清代蛇纹石大理岩饰物

1978 年 11 月 23 日，《人民日报》就此发表资讯说："陕西地质工作者在蓝田县发现'蛇纹石大理岩'玉矿，使用蓝田玉作为碗、杯、酒具等在市场上销售，作为旅游者选购的纪念品。" 1981 年，中国地质博物馆又展出了蓝田玉石标本。历史上争论了上千年的蓝田玉之谜，经我国地质工作者的勤奋工作之后终于解开了，成为一个了不起的突破。

次生石英岩中的玉石种类

在岩石学上，次生石英岩是很普通的岩石，可是在宝石学上，它们却可以构成多种显赫的玉类。如京白玉、密玉、河南玉、南阳玉、洛南玉以及东陵玉等。什么是次生石英岩？这种岩石是怎样形成的呢？

次生石英岩是一种变质岩石。它们的主要矿物成分是石英，约占 70%～75%，还含有绢云母和富铝矿物明矾石、高岭石、红柱石、叶蜡石和一水硬铝石等。它们呈浅灰、暗灰或绿灰等色，隐晶质，致密块状，硬度比较大。次生石英岩多半是因火山岩受到火山喷出的含硫蒸气或热液的影响，使原来岩石中的矿物转变成石英和富铝矿物而成的。

次生石英岩组成的玉石具有以下特点：

京白玉是一种白色的次生石英岩，为隐晶质，呈块状，洁白晶莹、硬度很高、坚硬耐磨，是一种玉雕材料。

密玉因产于河南省新密市而得名，是一种黄色或黄褐色（有铁质浸染）的次生石英岩，可作为玉雕材料。

南阳玉是我国古代有名的玉种之一。它们色白、略带翠绿，有点像翡翠，也是一种很好的玉雕材料。

洛南玉因产于陕西洛南而得名，颜色为胆矾一样的蓝绿色，一般呈块状，摩氏硬度 6 ~ 7，绿色为铜离子所表现出来的颜色。石料基本色很好，有利于制作人工加色宝石。

凡含细鳞片状云母或细云母片状赤铁矿且分布均匀的次生石英岩或水晶晶体，都叫东陵玉（后者在矿物学上叫"砂金石"），可作为宝石或工艺雕刻石料。琢磨后，呈闪烁的金黄色、粉红色和油绿色的东陵玉比较贵重，以绿色、碧绿色者最好。

纯洁的大理石

当我们来到祖国首都北京的天安门广场，雄伟、庄严的建筑群尽收眼底：金水桥畔、人民英雄纪念碑、人民大会堂和毛主席纪念堂……它们由各式各样的石材建造、雕刻而成。其中白色大理石即汉白玉就是其中的石材之一。

毛主席纪念堂采用的大理石数量是相当多的。纪念堂的北大厅里有四根方柱，柱体贴有红色的大理石，色调肃穆；大厅南面墙上镶着洁白的大理石，上面刻着"伟大的领袖和导师毛泽东主席永垂不朽"的金色大字。

毛主席纪念堂

人民英雄纪念碑上的浮雕及石座，天安门前雕刻精美的石华表、桥栏和石狮都是我国劳动人民利用汉白玉的杰作。故宫里许多精美绝伦的雕刻装饰、建筑，也都是用的大理石。

天安门前的华表

大理石是一种高级建筑石材，因我国云南大理市点苍山产出数量多、质地优良而得名。点苍山位于云南省西部洱海之滨，俗称苍山，又名灵鹫山，南诏时被封为中岳山。点苍山共有 19 峰，峰峰相连，18条溪水，条条清碧。山峰险峻，白雪峨冠，云雾缭绕，苍松翠柏，犹如仙境。点苍山19 峰，峰峰盛产大理石。2003年出土的大理寺纺轮，说明在5000 年前的新石器时代人们就已经使用大理石制品。唐朝古塔、宋元碑文和明朝墓志等也多利用精美的大理石雕刻。仅从南诏王劝丰佑（824—859）在位期间所建的千寻塔和塔内雕刻的大理石佛像，以及南诏太和城遗址内的德化碑来看，在距今1300 多年前，我国的大理石工艺技术已达到很高的水平了。清朝黄元治在《点苍山石歌》中赞美大理石道："石质石纹确奇绝，自如戴脂如积雪，绿青浓淡间微黄，山水草木尽天设。"

建筑工艺上所说的大理石，在岩石学上称为大理岩，也是一种变质岩石。它们的化学成分主要是碳酸钙，另有碳酸镁、氧化钙等。它们的矿物成分主要是方解石、白云石、石灰石等。质地较纯的大理石不含杂质，质地不纯的大理石往往含有铁、锰、碳和泥质等杂质。含有不同杂质的大理石，可出现各种不同的颜色和花纹，磨光后绚丽多彩。大理石中的方解石颗粒清晰可见，但不同的大理石晶粒粗细是不同的。

大理石可做建筑石材或装饰彩石，优质者可做工艺制品。

我国的大理石分布广泛。各地所产的大理石由于花纹色彩不同，工艺上，分别给予不同的名称。如云南的云石；河北的雪花白、桃红、墨玉和曲阳玉；北京的汉白玉、艾叶青、芝麻花和螺丝转；东北的东北红和东北绿；湖北的云彩、粉荷、雪浪、脂香、银荷、紫纹玉、绿野、红花玉；山东的莱阳绿和紫豆瓣；江苏的紫云、青奶油、高资白；贵州的曲纹玉；浙江的残雪等。各式各样的大理石犹如百花园里万紫千红、五彩缤纷的鲜花，显示出我国优良的建筑和工艺石料资源的丰富多彩。

这里介绍几种格调不同的大理石。

纯洁雪白的大理岩叫汉白玉，是一种著名的石雕材料，主要产于北京房山区、四川的宝兴县和湖南耒阳市等地。白色者居多，方解石结晶较好，磨光后晶莹如玉，质地细致均匀，透光性好。我国古代的石雕，如隋唐时期的大型佛像，都喜欢用汉白玉制作。故宫中的云龙阶石由一块巨大的汉白玉雕成，重量超过200吨。清朝时没有起重机，如此重的大理石石雕是怎样运来故宫的呢？据说，在运输大理石那一年的冬天，人们在修好的运输道路上浇水成冰，形成冰道，两万多人拖着大石块在冰上滑动许久才运来北京的。

云石是云南大理点苍山产出的大理石。点苍山的云石质地优良，花饰美观大方。在白色或浅灰色的背景上，由灰色、深灰色、褐色、浅黄色、褐黄色等色调"绘"成了一幅幅山水画，有"丛山峻岭""险峰彩云""山间溪流""壁悬瀑布"等，秀丽夺目，是世界名贵的彩石，常用作工艺美术制品，如石屏风和石瓶等。

云石的加工性能好，对加工的技术条件要求低。云石石质结构细致、磨光性好、块度大，毛坯石料都在一立方米以上，可以按需要的尺寸和形状分割，切割时不破裂，石块中含杂质、斑点很少、透光度较好，是一种优良的工艺大理石。

东北绿是一种蛇纹石化大理岩，是有名的雕刻原料。在白色的大理石背景上，稠密地散布着浅绿色的蛇纹石，磨光后呈现美观的油脂状橄榄绿色，主要产于辽宁。

艾叶青是一种青灰色和浅灰色的大理岩，有细粒到中粒结构，呈致密块状。磨光后在青灰色的背景上散布着深灰色的稀疏曲纹，油光发亮而略带淡青，犹如晒干了的艾叶，所以称作艾叶青。艾叶青主要产于北京近郊周口店一带，是著名的建筑彩石。北京人民大会堂门前的大石柱，就是用的艾叶青。

曲阳玉是一种白色粗粒大理岩，白底上散布着少量的黑色或深灰色斑点，产于河北保定市曲阳县。

曲纹玉是一种奶油色的大理岩，有细粒到中粒结构，呈块状构造。磨光后在浅奶油色背景上，均匀地分布着深黄色铁质条纹和由方解石晶粒组成的不规则的弯曲花纹，所以叫曲纹玉。它们是一种很好的建筑装饰用彩石，主要产于贵州。

紫纹玉是一种具有紫色花饰的大理岩，有细粒到中粒结构，呈块状构造。磨光后显示出深浅不同的紫色花纹，所以叫紫纹玉，可作建筑彩石之用，产于湖北大冶。

桃红是一种肉红和桃红色、呈玻璃光泽的大理岩。它们晶粒粗大，磨光后很像新鲜的伟晶岩中的微斜长石。它们是优良的建筑饰料，产于河北。

莱阳绿是一种蛇纹石化的大理岩，有中粒到粗粒结构，暗绿色、橄榄绿色的蛇纹石呈粒状均匀分布在灰白色的大理岩中，是美丽的建筑彩石，产于山东莱阳市。

东北红是一种紫色含叠层石化石的石灰岩，有细粒结构，呈致密块状，磨光面在油亮的紫红色背景上有叠层石的圆圈细花纹，美观大方。它们产于辽宁大连金州区震旦纪地层中。

紫豆瓣就是紫色的竹叶状石灰岩，是由竹叶状的砾石被钙质胶结形成的石灰岩。竹叶状的砾石为原来海底或海岸的岩石，被海浪冲击破碎后，经海水来回振荡，把棱角磨成长圆状，很像竹叶，所以叫作竹叶状灰岩。竹叶的边缘由于氧化铁的存在而呈紫红色，叫作氧化圈。磨光后在油亮的紫红色的背景上，分布着紫色的平行排列的竹叶状花纹，别具一格，是很好的建筑彩石。

墨玉是一种深灰色至黑色的结晶石灰岩，磨光后表面墨黑油亮，庄重严肃，是一种优良的建筑彩石，主要产于河北涿鹿县、山东临沂市苍山。

云彩是在浅灰白色的背景上，带有不规则形如云彩的紫色、灰色斑块的大理岩，呈细粒结构，产于湖北。

高级彩石花岗岩

当你行走在天安门广场的人行道上，如果注意观察脚下的石板，便会发现那是一种红色的花岗岩。当你瞻仰天安门前的人民英雄纪念碑的时候，一定会对它的庄严瑰丽而肃然起敬。碑石是什么材料制成的呢？它是用青岛产的整块花岗岩雕刻而成的。这一块来自青岛浮山的花岗岩高近15米，宽约3米，厚约1米，重约300吨，经过几次缩减，最终打磨到94吨运往北京。当你瞻仰毛主席遗容时，毛主席纪念堂的两层台基、台帮全部采用大渡河畔四川省石棉县的枣红色花岗岩砌成，给人以稳固和庄严的实感，象征着毛主席开拓的红色江山坚如磐石，千秋万代永不变色。到过黄海之滨青岛市的人，也一定会被那些美丽而坚固的建筑物所吸引。那些建筑材料和饰料，既不是砖，也不是混凝土，而是经过加工的花岗岩。

南京中山陵石牌坊

在南京钟山的南坡，坐落着气势磅礴的孙中山的陵墓——中山陵，陵墓建筑在第二峰小茅山的南麓，背山朝南，"前临平川，背拥青嶂"，气势雄伟。陵墓始建于 1926 年，占地 130 多万平方米，整个建筑物的轮廓像一只巨大的、平卧的"自由钟"。陵

泉州洛阳桥

墓进口处就是花岗岩的石牌坊。中山陵的主要建筑材料是江苏苏州和福建产的花岗岩以及云南大理的大理岩。此外，南京的"渡江胜利纪念碑"也是用花岗岩建起来的。

福建的花岗岩石料具有悠久的历史。著名的侨乡——泉州有一洛阳桥，桥梁全长 731 米，是 900 多年前用花岗岩建成的。古代石雕艺术的杰作之一——泉州的双塔是全部用花岗岩砌筑成的宋代古塔。气势雄伟的厦门集美海堤，也是采用花岗岩

填筑造就的。福州福山和乌山的花岗岩摩崖石刻处处皆是。民族英雄郑成功的故乡——南安石井镇的一些花岗岩石刻保存至今。我国最早的伊斯兰教石雕建筑物——福建泉州的清净寺都是用的花岗岩石料。福建的花岗岩石料以"泉州白"最为闻名，深受国内外建材界的赞美。晋江永和巴厝村等地的花岗岩石刻和浮雕产品远销五大洲，博得了国内外人士的喜爱和欢迎。

花岗岩为什么能够成为一种优质的建筑石材呢？建筑学家和地质学家认为，最根本的原因在于它们具有坚硬结实的质地。花岗岩不但质地坚实，而且颜色多样，有枣红色、青灰色、灰白色等，美观大方。经磨光后，纹理清晰，光泽灿烂，可以作为高级建筑石料和装饰石料。

花岗岩是地壳中分布较广的一种岩石，由长石、石英和少量黑云母等矿物组成。岩石中的矿物结晶一般都比较好，有粗粒、中粒和细粒之分。其中，同种矿物的颗粒大小相近的，称为等粒结构，大多数花岗岩都是等粒结构；矿物颗粒大小不等的，称为斑状花岗岩或花岗斑岩。

花岗岩家族的成员很多。首先可以分出碱性系列和钙碱性系列两大分支。因为碱性花岗岩数量很少，分布也不广泛，常常不为人们重视；钙碱性花岗岩不但数量多，而且分布很广，常见的花岗岩就是这一类。在钙碱性花岗岩中，如果仅由长石和石英两种矿物组成，而没有黑云母等暗色矿物存在，就被称为白岗岩。若在长石、石英和黑云母之外，还含一点角闪石或辉石时，则称之为角闪石花岗岩或辉石花岗岩。

书法家的伴侣——石砚

在我国，砚具有相当悠久的历史。笔、墨、纸、砚被称为"文房四宝"。唐朝时，石砚就已驰名中外。作为美术工艺原料的砚石，不仅是一种可供观赏的工艺美术品，而且是一种生活用品。石砚问世至今，已有几千年的历史。从唐朝开始，端砚、歙砚、洮砚与澄泥砚就被称为中国的"四大名砚"。

历代书法家对砚石的质量要求是非常严格的，前人把这些要求概括为"发墨益毫，滑不拒墨；细腻湿润，贮墨不涸；质坚致密，久磨不损；细中有锋，柔中有刚。"近年来，许多地质工作者与工艺部门合作，对我国传世的十几种知名砚石做了鉴定，了解到可作砚石的岩石基本可分为两类：一类是变质岩中的板岩和千枚岩，这种以黏土矿物为主要成分的板状、千枚状的岩石，含有一定量的石英、长石、绢云母、绿泥石等矿物，其特点是矿物颗粒细小，变质程度不高，硬度不大，具有板状构造，颜色常和成分有关，含三价铁的呈红色，含二价铁的呈绿色，含碳质的呈黑色。另一类是石灰岩，这是一种沉积的碳酸盐岩石，化学成分是碳酸钙，矿物成分主要是方解石和白云石；灰岩中有时可含一些泥质、硅质（微粒石英）等成分，硬度不大，比较脆，滴5%的稀盐酸会产生二氧化碳。

在可做砚石的岩石中，以板岩为最好。如名列石砚前茅的端砚砚石就是绢云母泥质板岩，其矿物成分为泥质、绢云母、石英和微粒磁铁矿；歙砚砚石是含石英粉砂的粘板岩，其矿物成分为绢云母、石英、微晶黄铁矿、磁黄铁矿、白铁矿、褐铁矿和泥质等。端砚砚石和歙砚砚石的质地细腻，矿物粒度均小于0.01毫米，成分分布均匀。岩石中的绢云母使砚石细密柔润，毛笔"久用锋芒不退"，起到了画龙点睛的作用；泥质与硅质并存，又使砚石"柔中有刚"。原来的泥质岩石经变质成为板岩，就更加致密了，透水性更差，所以能"贮墨不涸"。有的砚石（如歙砚）中含有硫、磷成分，磨出的墨汁

石 砚

油润生辉，墨迹不为虫蚁所蛀。砚石中的黄铁矿、白铁矿微晶使石砚呈现点点银星和金星，为雅品增辉。优质的砚石经能工巧匠制成精美的工艺品，陈放在案头厅舍，赏心悦目，更增添一层雅气。湖南三叶虫砚台就是工艺师就岩石所含的三叶虫化石雕刻而成的石砚。

一块好的砚石，除了质地要好以外，还必须具备以下几个条件：

一是砚坯上没有裂隙，没有填充的矿物细脉，如石英脉或方解石脉等，符合这个要求的砚石就是上品。

二是砚石的上下板面要平整，不允许有明显的挠曲和褶皱。砚石的厚度要大于 2 厘米。

三是组成岩石的矿物颗粒要细，一般不宜大于 0.01 厘米（细粒结构），致密、透水性弱、颗粒分布均匀、颜色深、击之声音清脆为好，如有各种天然花纹，更是锦上添花，为砚中的上品了。

四是砚石硬度中等，一般要求在摩氏硬度 3~4 度，如果含各种矿物杂质时，其硬度应与砚石硬度相当。

我们伟大的祖国地大物博，各种性质的岩石都有，为砚石的发展提供了充足的原料。

四大名砚之一——歙砚

歙砚是我国著名的石砚，也是一种传统的工艺美术品，因产于安徽省的歙县（古称歙州）而得名。歙砚始于唐代，至今已有 1200 多年的历史。按砚石的不同纹饰，可分为金星砚、银星砚、罗纹砚、龙尾砚、峨眉砚、角浪砚和松纹砚等。《文房肆考》称："以上七砚，俱出歙县，皆由石质之纹状而异名"。歙砚深得历代文人的好评，南唐后主李煜评歙砚为"天下之冠"。柳公权、欧阳修、苏东坡、蔡襄、黄庭坚等都称歙砚为价值连城的珍品。

歙砚的原材料为灰黑色的含石英粉砂粘板岩，是泥质岩经变质后形成的岩石，其矿物成分为绢云母、石英、碳质、黄铁矿、磁黄铁矿和褐铁矿等，矿物颗粒都较细小，大约在 $0.001 \sim 0.005$ 毫米之间。岩石硬度不大，用小刀能划动，比重为 $2.81 \sim 2.94$。岩石形成于约 13.55 亿年前，属于新元古代震旦系上板溪群的浅变质岩层。

歙砚

由于歙砚石质致密、细腻、孔隙少，所以不损笔；而所含的绢云母，使砚石有发墨耐用的优点；因石英微粒的均匀分布，使歙砚具有"细中有锋，柔中有刚"的特点。砚石的矿物成分及细小均匀的颗粒度使砚石具有"发墨益毫、滑不拒墨、涩不滞笔、贮墨久而不涸"的效果。金星砚金光闪闪，银星砚银光烁烁，其奥妙就在于含有光彩夺目的黄铁矿和白铁矿。

歙砚以造型浑朴，图饰均匀饱满，刀法挺秀刚健等艺术风格为特点。历代歙砚还多以浮雕、浅浮雕、半圆雕等手法制成实用大方的各式砚台，深受画家和书法家的欢迎。《歙砚辑考》说："凡石质坚者必不嫩，润者必有滑，惟歙石则嫩而细，润而不滑，扣之有声，抚之若肤，磨之如锋，兼以纹理烂漫，色似碧天，虽用积久，涤之略无墨渍，此其所以远过于端溪也。"

清代御砚——松花砚

松花石砚是清代皇室御砚，也是我国传统的著名砚石之一。据孔尚任记载，早在明代就已有松花石砚，但那时人们不知其名，误叫"绿豆端"，后经琢砚名手金殿扬辨认才正其名。康熙封其为"御砚"。故宫博物院所藏的松花石砚，就有康熙、雍正和乾隆的题款，对其评价甚高。康熙称它"寿古而质润，色绿而声清，起墨益毫，故其宝也"。乾隆则称它"松花玉，色净绿，细腻温润，可中砚材，发墨与端溪同，品在歙坑之右。"

盛产松花砚石料的吉林省长白山区，曾因是清皇室祖先的发祥地而被封禁，石工不能入内继续开采，松花石砚的生产中断了一二百年，石料产地也失传了。

"地无遗宝，物尽厥材。" 20世纪70年代中期，我国地质工作者和工艺美术工作者互相配合，不辞辛苦，踏遍崇山峻岭，终于在长白山麓的通化一带将失传的松花石发掘出来。

松花石砚在清代多取绿色的琢砚，紫色的雕盒。这次重新发掘，则浅绿、深绿、绛紫、驼色等几种颜色同时并采，因同属硅质灰岩，所以都适于制砚。松花石砚的色彩极为丰富，石品多样，常见的有翠纹、绿净、紫袍绿带、云烟、水荡、朝霞、玉眼等。与其他各名砚比较，松花石砚不仅同样具有贮水不涸、发墨、益毫的特点，而且更富有装饰性和欣赏价值，是一种十分珍贵的工艺品。

清代的松花石砚造型多样，图样素雅古朴，做工精细，而且多制成石盒，别具一格。现代的松花石砚，除仿古作品之外，还有创新，在艺术形式上有所发展，更加适应国内外书画界的需要。

松花砚

从岩石学角度看，松花石砚的石料为距今8.8亿年的震旦系南芬组微晶硅质灰岩。石质致密细腻，孔隙小而少。石英微粒均匀分布在石灰岩中。所以松花石砚具有"发墨益毫，滑不拒墨，涩不滞笔，贮墨数日而不涸"的优良品质。

砣矶砚

渤海海峡有一列翠绿色的岛屿，其断续伸向辽东半岛和山东半岛之间，这就是长山列岛。

在长山列岛的砣矶岛上有大片的千枚岩，它们质地细腻，润滑明亮，从宋朝开始就被用来制作石砚，取名砣矶砚。这种名贵的砚石材料，是著名砚石——鲁砚的一种。砣矶砚"以金星雪浪，紫色斑斓"为特色。故宫博物院藏有一方砣矶砚，上面刻有乾隆手书的七言诗一首，有"骆基石刻五蟠螭，受墨何须夸马肝"的名句为后人所传诵。所谓"金星雪浪"是指砚石含有星星点点的黄铁矿晶体，在如雪浪般的水里闪烁。"紫色斑斓"是指砚石上还带有铁质的颜色。黄铁矿的成分是硫化铁，因此，以砣矶砚磨出的墨汁书写的字，虫蚁不蛀。

砣矶砚

第七章　石趣横生

能发光的石头

闽北，这片土地蕴藏着无尽的传奇与奥秘。山脉连绵起伏，峡谷深邃幽静，丛林茂密繁盛，自古以来，古老的族群便在此繁衍生息。在这片神秘的土地上，发生着一种奇异的现象，有时夜幕降临时，漆黑的山林中，一种与众不同的石头悄然发出微弱而神秘的光芒。随着时间的推移，这种光芒逐渐吸引四面八方的蛇群聚集而来。这种神奇石头的出现地，位于福建省南平市浦城县，当地人称其为"蛇眼石"。

蛇眼石是什么东西呢？经鉴定，蛇眼石就是萤石的矿物集合体。萤石在 X 射线或紫外线的照射下，能够发出荧光。

萤　石

还有这样一个传说。在古罗马的战场上，已经战死的双方士兵的鬼魂，还经常在夜间进行激烈的战斗。他们拿着火炬，穿着隐身服，骑上战马，手拿钢刀，殊死搏斗。每当雷鸣电闪的时候，也正是他们英勇战斗的时候，时明时暗的火光就是他们挥动的火炬，即"鬼火"。

世界上是没有鬼魂的，所谓的"鬼火"，实际上是一种含磷的岩石或死亡的动物骨骼中所含的磷，或在阳光曝晒下，或在雷鸣电闪之后，或在 X 射线的照射下，发出一种时明时暗的绿色火焰，在夏天傍晚雷鸣电闪时，磷便在空气中燃烧，形成五氧化二磷，并产生发光现象。所以在夏天的傍晚，最易看到闪烁着的磷火。

自然界有许多矿物和岩石能发光，萤石能发光是因为萤石中有硫化砷；金刚石能发光是因为金刚石中有碳氢化合物；磷灰石或磷块岩能发光是因为含有磷。白天，它们在阳光下曝晒，激发发光物质；晚上，它们就释放能量，发出美丽的荧光或蓝色火焰。

相传，古代人把能发光的石头都叫"夜明珠"。千百年来，人们常常把它的来历编成神话故事，给自然现象蒙上神秘的色彩。许多神话故事里都说夜明珠可以把龙宫照得如同白昼，可以

把大地照得通明。其实，夜明珠与蛇眼石一样，是一种含硫化砷的萤石。据专家考证，最亮的夜明珠在无灯光的黑夜里，在距它约 15 厘米远的地方，可借助其磷光看清楚印刷品。

地质学家指出，矿物和岩石有两种不同的发光性，一种是当矿物或岩石在外来因素的刺激下，如太阳的曝晒、紫外线或 X 射线的照射等发出光来。当刺激停止后，它们又立即停止发光，这种发光性被称为荧光，如萤石、白钨矿、金刚石发的光为荧光。另一种是当刺激停止后，矿物或岩石还能继续发光，这种发光性被称为磷光。如磷灰石可发出磷光。

比水还轻的浮石

位于中朝边界的长白山山巅洁白，如戴玉冠。有人说长白山上那些白色的东西是终年的积雪；有人说"若待雪消冰融后，群峰仍像白头翁"。按后一种说法，长白山上几个山峰都由白

色、灰白色以及少量的浅黄色的石头构成。这种石头质轻，似蜂窝状，密度一般很小，放在水中能漂浮在水面上。《长白征存录》记载："（天池）水面有浮石，形如肺，名海肺石。"地质学上称这种石头为浮石或浮岩，俗称蜂窝石、江沫石、水浮石等。

黑龙江省五大连池市城区西北部的五大连池火山群是火山工作者向往的地方，那里有 14 座火山锥，火山锥上部和坡脚下，遍地皆是多孔的浮石。人们在浮石上行走，浮石发出"咯吱吱"的响声，别有一番情趣。

浮　石

浮石的气孔约占岩石体积的50%～90%，地质学家称其为气孔构造。浮石上的气孔是怎样形成的呢？当岩浆在地下深处时，因外部压力强大，挥发成分呈分散状态存在于岩浆中；当岩浆喷溢出地表后，因外部压力降低，熔岩内的挥发成分从岩体中析出成为气体，聚集成为气泡，并向上浮动。另一方面，因为温度降低，熔岩流表层黏度增大，阻止了气泡的浮动。这样，尚未逸出的气泡，就留在正在冷凝的熔岩中，成为气孔。

浮石以玄武岩质居多，其他岩石也有气孔出现，但不太普遍。长白山上的浮石和五大连池的浮石，都是玄武岩成分的。

浮石的主要成分是二氧化硅，并含有钙、钠、铁、铅、镁等多种元素。

浮石为天然多孔石材，是一种非常理想的轻骨建筑材料。此外，由于浮石质地纯、容重轻，除了作轻骨料以外，还可以作普通水泥的掺合料，或磨细作无熟料水泥的主要原料。以无熟料水泥作胶结料、浮石作骨料，可以制作墙体砌块，保温和隔音性能好，广泛应用于建筑和化工工业中。

能治病的石头

地质学与中医学看起来是风马牛不相及的两门学科，但事实上两者间却有着千丝万缕的联系。有些矿物、岩石和化石，最早是在中药材中发现的，并首先运用于医药中。

中医学已有数千年的历史，自古以来，医生经过望、闻、问、切之后，便开药方抓药。这些药物不外乎是植物、动物、矿物、岩石和化石等。

中国古代药物学自成一个体系。自秦汉时期的《神农本草经》问世以来，"本草"二字便有了特殊含义。药物学被叫作"本草学"，药物专著被称为"本草书"。本草学在历代都有所充实和发展。到了明代，李时珍的巨著《本草纲目》问世，我国古代本草学进入了一个新的发展阶段。该书记载药物 1892 种，其中矿物、岩石和化石等有 200 多种，这些"药物"都是地质工作者的研究对象。本草书中除大量的医药知识外，还包括丰富的植物、动物、矿物、岩石和化石等方面的科学知识，成为中国古代生物学、化学、矿物学、岩石学、古生物学和医药学的科学宝库。

下面介绍几种矿物、岩石和化石在中药里的名称和用途。

朱砂又称辰砂、丹砂、汞砂、赤丹等，主要成分是硫化汞，呈鲜红色或暗红色，比重很大，硬度较小，质地较脆，是定惊安神药。若有睡卧不宁、烦躁不眠、惊厥痫癫、发狂之类的症状，可遵医嘱服用含朱砂的药物。但不宜久服，否则会汞中毒。

朱　砂

磁石即磁铁矿石，呈铁黑色，具有磁性，含铁量在30% ~ 72%之间。它们为炼钢、炼铁的原料。在中药里，将它们与朱砂、六神曲制成"磁朱丸"，能治头晕头痛、耳鸣、眼睛疲劳及心神不安等症。磁石也是纳气平喘药方中的一味主药。

芒硝是一种硫酸盐类矿物，呈棱柱状、长方形或不规则块状及粒状，无色透明或白色半透明。芒硝具有清热泻火、通便散结的功能，性寒、味咸。

芒 硝

石胆也称胆矾，为硫酸盐类矿物，能止血止咳、收敛解毒。

硫黄呈不规则块状，黄色或略呈绿黄色，用手握住硫黄置于耳旁，可闻轻微的爆裂声。硫黄能温肠通便、杀虫止痒。

赭石即赤铁矿，主含三氧化二铁，呈樱红色，含铁量比较高，是炼铁的原料。赭石具有凉血止血、降逆止呕、清火平肝的效力，还可缓解由高血压引起的头晕、目眩、耳鸣等症状。

赭 石

硼砂为硼酸盐矿物，呈洁白的小晶体，是众所周知的解毒医疮药物，是有名的冰硼散中的主要成分之一，对急性咽喉炎、牙龈肿痛、中耳炎有很好的疗效。

炉甘石在矿物学上叫菱锌矿，化学成分主要有碳酸锌。它们可用于皮肤湿疮，溃烂久不敛，还可医治结膜炎、角膜炎等眼疾。

菱锌矿

石膏的成分为含水硫酸钙，呈白色，硬度很小，是清热降火的名药。有名的"白虎汤"里，石膏是主药，对急性高热、出大汗等症有疗效。

纤维石膏

雄黄的主要成分为二硫化二砷，呈深红色或橘红色，是久传于民间的解毒、医疮、杀虫药物。我国人民有在端午时节，盛夏将临之际，洒、饮雄黄酒的习惯，利用的就是雄黄的解毒、杀虫的功效。

雄 黄

禹余粮即褐铁矿，主含碱式氧化铁，有止泻、止血的功能。

滑石是含镁的硅酸盐矿物，呈白色或微带浅黄色、浅红色、浅灰色、浅绿色、浅褐色等，硬度小，可以用来写字，有滑感。对心烦口干、小便赤涩等症状有疗效。

礞石是变质岩中的绿泥石片岩或云母片岩的石块或碎粒，通常有绿色或棕黄色。烧后研细被称为"夺命散"，对惊厥、化痰、平肝镇惊有疗效。

花蕊石即蛇纹石化大理岩，与三七配制，对肺结核咳血与止血、化瘀、便血等有疗效。花蕊石味辛涩、性平、无毒。

赤石脂即红色多水高岭石，有涩肠、止血、生肌、敛疮之功效。含有高岭石的"桃花汤"，对疾痢、便血有很好的疗效。

琥珀为煤层中的昆虫化石，为生物学者珍爱、珠宝艺人所追求，也是中医的良药，有化瘀、利尿、镇惊安神等功能，外敷可治疮疡。

龙齿和龙骨是古代哺乳动物如犀牛、象类、三趾马等的牙化石和骨化石，可治疗失眠多梦、体虚多汗、久泻不止及溃疡不愈等症状。

孔公孽的主要成分为碳酸钙。孔公孽味甘、性温，有补气、明目之功，可用于肺气虚的咳嗽、气喘和两目昏暗等疾病的治疗。

能燃烧的岩石

相传，在一个夏天的傍晚，一个牧童正赶着羊群回家。突然，电闪雷鸣、风雨大作，倾盆大雨如瓢泼。雨过之后，天空中出现了彩虹。在不远的山坡上冒出了一股股黄黑的浓烟，随风飘来一阵阵刺鼻的沥青臭味。牧童觉得奇怪：空旷的山坡上，是谁放的火呢？是什么东西在燃烧呢？好奇心驱使牧童上山去寻找。他找到冒烟的地方一看，原来是山上的一堆褐红色的石头着了火。

石头怎么会着火呢？牧童大为不解，便去请教村里人。消息传开后，三村五里的人都来挑拣这种石头当柴烧，人们把这种红褐色的能燃烧的石头叫"红煤"。

地质科学揭开了这种石头燃烧的奥秘，这种能烧的"红煤"不是普通的石头，它和煤炭、石油一样，是能源家族中的一员，叫作油页岩，或称为油母页岩。

油页岩

油页岩是一种含碳质很高的有机质页岩，可以燃烧。岩石呈灰色、暗褐色、棕黑色等，比重很轻，相对密度为 $1.4\sim2.7$。它们无光泽，外观多为块状，但经风化后，会显出明晰的薄层理。坚韧而不易破碎，可用小刀削成薄片并卷起来。断口比较平坦，含油很明显，长期用纸包裹油页岩时，油就会浸透到纸上来。燃烧时火焰带浓重的黑烟，并发出典型的沥青气味。油页岩由有机质、矿物质和水分组成。在有机质中一般含碳、氢，以及少量的氧、氮、硫等，是一种富氢的碳氢化合物。矿物质中含有硅酸铝、氢氧化铁和少量的磷、铀、钒、硼、锗等。

由于油页岩的可燃性物质含量高，闪电击在油页岩上产生的高温，促使油页岩的有机物中的碳与空气中的氧化合，燃烧后生成二氧化碳并放出热，促使油页岩燃烧，这就是"红煤"燃烧的奥秘。

油页岩是怎样形成的呢？油页岩的成因和煤差不多。地球上有的静水湖泊或死水湖泊里生长着繁茂的低等植物和浮游生物。这些低等生物死亡之后，遗体沉到了湖底，日积月累，逐层堆积起来，在缺氧的环境里，经过细菌作用，分解了生物遗体中的脂肪和蛋白质，再经过缩合作用，便成了腐泥。地壳在不停地运动，随着湖泊的不断下降，腐泥层被泥沙沉积物覆盖起来，在静水压力作用下，腐泥受压失去水分，并逐渐固结形成了腐泥煤，也就是油页岩。

中国是世界上油页岩储量丰富的国家之一。油页岩资源在中国的分布相当广泛，主要集中在东部、中部及西部、西南部地区，其中松辽、鄂尔多斯、伦坡拉、准噶尔、羌塘、柴达木、茂名、大杨树和抚顺等九个盆地的页岩油资源储量尤为丰富。松辽盆地的农安、登娄库、长岭等含矿区以及鄂尔多斯盆地的铜川、华亭等含矿区被视为首选的勘探目标。

在开发方面，辽宁抚顺和吉林桦甸的油页岩含矿区被选为开发示范区，而广东茂名和山东龙口的含矿区则被确定为油页岩的重点开发区。

漫话试金石

金灿灿的黄金历来都被看作是最珍贵的金属。由此人们也把许多珍贵的物品、高尚的品德以及纯洁的思想、情操都用黄金作比喻。如"一寸光阴一寸金，寸金难买寸光阴"，形容时间同黄金一样宝贵。"真金不怕火炼"，比喻正确的事物经得起考验。

试金石

黄金熔点高，化学性质稳定，颜色金黄，硬度小，比重大，历来是做首饰、货币、奖杯等的原材料。因为黄金珍贵，所以往往有人"鱼目混珠"、以假乱真，把不纯的黄金或用貌似黄金的其他金属冒充真金。纯金很软，做货币或首饰的黄金必须加入银、铜、镍等其他金属，以提高其硬度。所以，古人有"金无足赤"的说法。黄金的纯度单位为K（读开），规定纯金的含金量为24K。如1979年我国发行的纪念金币成色为22K，就是由22分纯金和2分其他金属熔炼制成的。

古代辨别真金、假金以及金的成色的方法就是用试金石。试金石是一种测试真金、假金以及金的成色的石头。在古代，由于科学技术水平所限，人们不可能采用精密的分析方法去鉴定黄金的成色，只能利用黄金的硬度（摩氏硬度2.5~3），在坚硬的岩石上刻划后所留下的金黄色的痕迹来鉴别。地质学上称这种痕迹为条痕，也就是黄金粉末的颜色。既然"金无足赤",那么怎样辨认黄金所含杂质的多少呢?据明代宋应星所著《天工开物》的记载,古代鉴定黄金的标准是"其高下色,分七清、八黄、九紫、十赤,登试金石上,立见分明"。这就是说,黄金在试金石上刻划出来的条痕为青色者,含黄金七成、杂质三成;条痕为黄色者,含黄金八成、杂质二成;条痕为紫色者,含黄金九成、杂质一成;条痕为红色者,含黄金十成。由此分辨黄金的成色。

试金石究竟是一种什么岩石呢?据考古发掘出土的古代金器和磨得很光滑的硅质岩块看来,我国的试金石大部分是用一种硅质岩石加工成的。试金石的硬度要大,以耐刻划;颜色要暗,易于观察条痕;表面要光滑平整,以便于测试。硅质岩的硬度很大,不易磨损和风化,在河沟、干河谷、沙滩中都容易找到。硅质岩的主要化学成分是二氧化硅,主要矿物成分是自生石英、蛋白石、玉髓等,颜色一般较浅,但当含碳质时可呈灰黑色,

含三氧化二铁时呈红色。《天工开物》中说:"此石广信郡河中甚多,大者如斗,小者如拳,入鹅汤中一煮,光黑如漆。"这表明放在鹅汤里煮过的试金石又光又黑,犹如黑漆一般。现在有些地质学者也用试金石来鉴定金矿石中所含黄铁矿等杂质的多少。有人在黑龙江和吉林浑江一带淘沙金时,就用河中暗色的硅质岩卵石作试金石。有人在新疆的古采金硐遗址附近,也见到暗色的硅质岩岩石,就是试金石。戈壁滩上覆有"沙漠漆"的风成带棱石,也是一种可做试金石的暗色硅质岩。

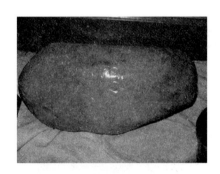

硅质岩

碧玉岩和燧石岩都属于坚硬的硅质岩。碧玉岩主要由自生石英和玉髓组成,常呈红色、绿

色、玫瑰色等，是由火山喷出的二氧化硅沉淀生成的，为地壳活动区的产物。

燧石岩即古代用来打火的火石，由蛋白石、玉髓和微晶质石英组成。它们致密坚硬，贝壳状断口明显，主要为灰色或黑色，常呈层状、条带状、凸镜状或结核状产出。燧石条带或结核常产于碳酸盐岩层中。

碧玉岩和燧石岩都是试金石，且都是较好的研磨原料，可作油石和细工石料，色彩美观的可作宝石。

流纹岩荟萃

流纹岩是一种酸性火成岩。它们的化学成分和矿物成分与花岗岩一样，由石英、长石和少量的云母组成。它们的结晶很细，甚至多半没有结晶，表面常有岩浆流动时的痕迹——流纹构造。流纹岩一般为紫红色、紫色和灰黑色等，分布在我国东南沿海一带，但分布面积远比玄武岩和花岗岩少。有两种奇丽的流纹岩可供观赏。

盛开鲜花的岩石

在有的流纹岩的表面上，常出现极其精美的图案，有的像盛开的菊花，有的像分出枝杈的鹿角，有的像天空中的彩虹，有的像水滴和云雾，有的像山水画和花鸟屏，真是形形色色，奇妙万千，无所不有。

河北省兴隆县产的流纹岩，外观和普通流纹岩相似，呈肉红色，斑状结构。火山喷发时炽热熔浆流动的痕迹依然如喷发之初，此外，在岩石的表面上，有一种像菊花一样的花纹。这种花纹在磨光的岩石面上显得更加清楚，宛如深秋时节盛开的朵朵菊花，昂首怒放，也很像节日的礼花，在空中闪烁。人们把这种花纹美丽的流纹岩称为菊花状流纹岩。

这些"菊花"是什么物质呢？让我们用偏光显微镜来揭开它们的奥秘吧。把菊花状流纹岩磨成 0.03 毫米厚的薄片，用树胶将其粘在一块长条状的玻璃片上，再盖上一个玻璃片，这就成为岩石薄片了。然后将岩石薄片放到偏光显微镜下去观察。很微细的矿物晶体就可以放大几十倍、几百倍，使我们看得非常清楚。

我们在偏光镜下看到，菊花状流纹岩由斑晶和基质两部分物质组成。斑晶是由长石和石英组成的，斑晶之间的基质是微细雏晶，形状像头发丝，它们聚集起来呈水滴状、枣核状、枣状和放射状分布。"菊花"就是这些头发丝状的雏晶矿物组成的，在岩石学上称为放射状结构。

流纹岩上"菊花"的形成是一个复杂的过程。当流纹岩质的岩浆喷出地表以后，温度急剧降低，压力减小，岩浆很快冷凝，流动性减小，黏稠度增大，在温度急剧变冷的条件下，形成了结晶很不好的"雏晶"。此时，岩浆仍在缓慢地流动，雏晶在内聚力作用下，成为悬浮的乳滴状，当它们凝聚后，就构成了放射状，这就是在岩石磨光面上见到的"菊花"。

仙都石笋

浙江中部的缙云仙都风光绮丽，怪石林立，山水竞秀，名胜古迹数不胜数。问渔亭下碧波浮翠，朱熹讲学楼前鸟语花香，真是"仰俯皆是景，前后均入画"。然而，仙都风景最引人入胜的，还是问渔亭前面的几根巨大的石笋，它们犹如雨后春笋，破土而出，耸立在问渔亭前。

这几根石笋是什么岩石呢？它们既不是沉积岩，也不是变质岩，而是一种火成岩——流纹岩。这是自然界罕见的地质现象。一般说来，石笋、石柱、钟乳石等，多由碳酸盐矿物组成，

仙都石笋

但由流纹岩构成的石笋却是独此一处。石笋上一些平直或弯曲的流纹就是岩浆流动的痕迹。流纹由长条状矿物和拉长的气泡平行排列而成。

据资料记载，在距今一亿六千万年前的白垩纪时期，仙都一带曾有酸性（流纹岩）火山熔岩喷发，石笋就是火山喷溢产物。这种岩浆的黏度较大，在地面上的流动速度就比较慢。岩浆流动过程中，气泡被拉长了，长条状矿物质顺岩浆流动方向平行排列，因此冷凝后流动构造十分明显。由于岩浆黏度大，流动范围也不广，常堆积在一个地方，形成奇特的钟状岩体，称为岩钟，针状岩体称为岩针。仙都的石笋就属岩钟和岩针一类。

仙都的流纹岩由于岩浆的黏度大、冷凝迅速，因此岩浆中的气体被包裹在岩石里面，形成了球状的球泡和珠泡。如果把球泡切开，切面是同心圆状，有空心的，也有实心的，球体内还含有玛瑙。

生物岩石

硅藻土和硅藻岩是生物骨骼组成的岩石，鸟粪石则是生物的粪便堆积形成的岩石。

硅藻土和硅藻岩

辽阔的海洋里有千奇百怪的生物，有大如轮船的鲸鱼，也有小如尘埃的藻类。即使在一滴海水中也可以包含几十万个微生物。海洋是一个繁衍生命的世界。

海洋中生活着一种硅藻，它们的个体极小，但繁殖能力相当惊人，一繁十，十繁百，代代繁衍。硅藻岩就是这种生物的尸体层层堆积而来形成的。硅藻岩的沉积相当快，几十万年的时间，硅藻的尸体层层堆积起来，可达到几十米厚。

有一种体轻、色白、黏舌的岩石——硅藻土和硅藻岩，就是硅藻死亡后的壳和部分放射虫类的骨骼以及海绵的针刺等组成的疏松岩石。它们的颜色有浅黄色、浅灰色、浅棕褐色等。它们质轻多孔，光泽晦暗如土，吸收性强，黏舌，为典型的生物结构，性脆易碎，断口呈不平坦状或贝壳状。

硅藻生活的水体中富含二氧化硅、黏土和火山灰。硅藻土形成的时代自白垩纪至现代。硅藻土是在阳光充足、气候温暖潮湿的条件下形成的。

硅藻土的矿物成分主要是硅藻的壳，含量可达70%～80%。还有蛋白石、黏土矿物、碳酸盐、海绿石、石英和云母等。

硅藻岩与硅藻土相似，但硅藻岩的岩石比较致密。

小小生物形成的硅藻土，在现代化建设中的用途可大呢！由于大自然赋给它们隔热、隔音、绝缘、过滤、吸附能力强等特性，所以硅藻土是修建音乐厅、电影院和高级宾馆的好材料，在工业上可做绝缘器材、过滤剂、漂白剂、吸附剂，还可做填料和陶瓷原料等。

鸟粪石

古代海鸟的粪便和骨骼堆积起来，呈层状埋在泥沙之下，经过固结硬化，呈层状产出的岩石，人们称之为"鸟粪石"。鸟粪石颜色灰白，比较坚硬，是一种很好的磷肥原料，可以直接当肥料下地。它们与现代的鸟粪不同，没有臭味，也没有脏的感觉。

在我国广阔的南海上散布着几百个岛礁沙滩，像一颗颗宝石镶嵌在绿波如茵的南海之中，这就是闻名中外的南海诸岛。美丽富饶的西沙群岛树木茂盛，鸟粪石成层，厚达10余米。